火眼金睛选家庭装修材料

VS

装修完成后常会后悔的39件事

刘二子　主编

机械工业出版社

CHINA MACHINE PRESS

本书分为上下两篇。上篇为"火眼金睛选家庭装修材料"。告诉业主如何在混乱的家装材料市场中选到适合自己的家装材料，包括如何不上当和如何选到与自家装修最匹配的家装材料。下篇是"装修完成后常会后悔的39件事"，罗列了业主装修完成后"后悔率"最高的39件事。读完本书后，业主们可以在自家装修时提前规避，以免后悔。

图书在版编目（CIP）数据

火眼金睛选家庭装修材料VS装修完成后常会后悔的39件事/刘二子主编.
—2版. —北京：机械工业出版社，2016.6
ISBN 978-7-111-53376-4

Ⅰ.①火… Ⅱ.①刘… Ⅲ.①住宅—室内装修—装修材料—基本知识②住宅—室内装修—基本知识 Ⅳ.①TU56②TU767

中国版本图书馆CIP数据核字（2016）第064640号

机械工业出版社（北京市百万庄大街22号 邮政编码100037）
策划编辑：宋晓磊 责任编辑：宋晓磊
责任校对：王 欣 封面设计：鞠 杨
责任印制：李 洋
三河市宏达印刷有限公司印刷
2016年5月第2版第1次印刷
169mm×239mm·13.75印张·271千字
标准书号：ISBN 978-7-111-53376-4
定价：39.00元

前言

本书分为上下两篇。上篇为广大业主介绍选购家庭装修材料的常识和经验。

巧妇难为无米之炊。家装材料就是家装盛宴的"米",如果"米"选错了,那么再好的厨师也做不出好吃的饭菜。根据编者多年装修和监督装修的经验,超过90%的业主在选购家装材料时会犯下大大小小的错误,主要分为两类:第一类,由于我国很多装修材料市场混乱无序,因此很容易被黑心的商人哄骗,买到假冒伪劣产品;第二类,由于自己缺乏专业知识,虽然买了好的家装材料,但是不适用于自家的装修,造成了极大的浪费。

为此,编者在本书的上篇中详细为广大业主介绍如何选购各类家装材料,把编者多年积累的经验和专业知识直接传授给大家,让大家拥有一双火眼金睛,从令人眼花缭乱的产品中选出最适合自己的那一款,不至于被商人的花言巧语弄晕了头脑,在迷迷糊糊中买错了家装材料。

下篇为读者介绍装修完工后"后悔率"最高的39件事。

对于装修过的业主来说,最痛苦的事莫过于"装修完了,什么都懂了",可是对于有些工程来讲已经晚了,因为有些无法弥补,有些即使能弥补,代价也高昂。常言道,世上没有后悔药,但本书的下篇就是可以让装修者避免后悔的"后悔药",前提是必须事先阅读。

在本书中有很多"特别提醒",都是装修中经常发生、业主却常常忽略的环节,希望大家仔细阅读。

装修过程中,业主最关心花销问题,所以还会介绍一下在整个装修中,钱到底花在哪里了。

家庭装修中的花销包括:直接工程费(包括材料费、人工费、机械费),间接工程费(管理费、夜晚加班费、材料二次搬运费等)以及装修公司的合理利润。

影响花钱多少的直接因素有以下五种

（1）项目的工程量，也就是装修的内容。例如，做多少橱柜，用涂料还是壁纸，用什么样的吊顶，选什么档次的洁具，铺什么材质的地板等。然后，根据内容准确计算工程量（包括人工和材料）。

（2）工程的难易度以及精度要求。例如，管线走明线便宜些，走暗线价格高；普通吊顶便宜些，复杂的有高低层次的价格高；铺实木地板与复合地板的人工费是不一样的；不同档次的洁具的安装费也不一样。

（3）装饰档次不同，价格也不同。同样的材料和设备，原装进口的与合资企业或国产的价格相差悬殊。例如，同样的洁具，国产的为1000~3000元，合资的为5000~8000元，进口的则在1万元以上，甚至达数万元。装修费中有很大一笔钱是花在材料上的，所以对于普通家庭来说，要视自己的经济能力来选家装材料，在重点部位适当用一些高档材料，其他地方用普通材料就可以了。例如，刷乳胶漆时，墙面可以用高档的弹性涂料，顶部用普通的亚光涂料足矣。

（4）市场价格浮动影响预算。要及时了解市场行情，货比三家，该出手时就出手。当然，最好是找生产厂家的直销单位或代理商。就算是装修公司包工包料，也要事先了解行情和用量，以免上当。

（5）施工单位的级别不同，收费也不同，级别越高价格越高。装修公司（包括装修中会涉及的需要资质的单位）收费高，通常有几个可能：公司规模大，办公地段好，场地大。也就是说，高收费不代表工作质量一定好。与高收费不对称的是，大公司施工质量不见得比中小型公司好，大公司还可能出现"店大压客"的情况。所以说，在选择装修公司时，不要追求规模大、名气大的公司，找一家干活认真、负责的中小型公司才划算。

在装修中尽量降低整体花销的四种方法

（1）货比三家。

首先，装修公司或装修队要货比三家。目前家庭装修公司很多，各种档次的都有。事先多跑几家看看，最终选择一家有资质、有固定办公地点、装修质量好而且价格合理的公司。

其次，购物要货比三家。购物途径很多，既有高档的专卖店、大商场，也有中型的商城，还有价格低廉的集贸市场。网络的发展又催生了网购、团购等新生的购物途径。既然赶上了购物的好时代，就应该好好加以利用。

（2）装修材料的价格要搭配合理。

购买家装材料时应该遵循"重点部位用高档材料，一般地方用中低档材料"以及"大部分便宜，小部分贵"的宗旨，借助其独特设计与独有的格调，让高档产品达到画龙点睛的作用。

（3）事先做好规划，如果有必要，找专业设计师进行规划。

装修前就要想好需要什么样的家装风格，不要想到哪儿设计到哪儿，这样既浪费材料又多花工钱。如果对装修要求很高，而自己又没有这方面的经验，不妨花钱请个专业的设计师。装修公司也有设计师，但是他们通常更多的是扮演推销员的角色，所以，他们的意见可以视情况参考，不可全盘接受。

（4）请对施工队伍。

有一支优秀的施工队，基本可以保证装修成功了一大半，也可以保证装修过程中不会有太多的扯皮和失误，不会有太多的返工。要想省钱，首先要决定是否请装修公司（因为请装修公司就意味着要多付一笔管理费），如果请装修公司，如何才能找到质优价廉的；其次要知道如何挑选到一支技术过硬的装修队伍。

装修是一件大事，耗时耗力，如果事先花两三天来读这本书，则会让你的装修事半功倍！

在本书的编写过程中，以下各位老师参与了本书的协助编写工作，他们是：许芳、张娜、杨绍华、李勇、任颖、武小青、赵新龙、陈志杰、任仲奇、刘博、李岩、杨爱霞、任志杰、蔡伶、段慧真、邓湘金、周大勇等。不能在封面上为其一一署名，只能在此表示感谢，祝福他们工作顺利，身体健康。

编　者

目录 CONTENTS

上 篇 火眼金睛选家庭装修材料

上篇第1~6章为业主介绍如何选购硬装修材料，所谓硬装修材料，就是指那些固定的、不能移动的装修，包括墙面处理、地面处理以及水电改造等。由于硬装修所涉及的家庭装修材料用量大、范围广，所以，安全、环保是一个通用的选购标准。此外，视家装材料的使用部位以及家庭诉求的不同（包括经济状况、人员构成），家装材料的选购也各有侧重。这些会在下面的正文中详细介绍。

第7章介绍如何选购软装修材料，软装修阶段是家装的收官期，家具、电器、窗帘、床上用品，乃至绿色植物，所有这些可以移动的物品都可以划归为软装饰。软装修阶段是家庭装修的升华期，当家具、电器以及各类软装饰摆放到自己想放的地方后，你的家装就具有了你自己的风格。你所期望的温馨的家会随着这些物品的到位一步步地展现在你的面前。

第1章　基础家庭装修材料部分

水泥——容易被忽视的基础材料

购买档案

关键词：三不买，真假鉴定，如何购买

重要性指数：★★★★★

选购要点：学会辨别真假，不图便宜，认准大厂品牌

　　水泥、砂子等材料是最早到场的材料。它们的作用很重要，在家居装修中，地面、墙面的找平以及瓷砖、大理石的铺贴，都需要用水泥砂浆来增强吸附能力。

　　由于水泥、砂子在装修中扮演辅料的角色，很多业主往往会忽视它们的质量。事实上，装修无小事，不能抱有抓大放小的态度。何况，水泥、砂子是装修工程的基础材料，非常重要。

 选购技巧

　　1. 水泥三不买

　　（1）受潮结块的水泥不能买。水泥受潮后会产生质的变化，轻微者会降低强度，严重者则会结块失效。轻微受潮的水泥还可以过筛、砸碎后用在粉刷或非承重的部位；严重受潮的水泥就只能扔掉了。如果是特种水泥，只要受潮，无论严重与否，都不能再用。

　　（2）发热的水泥不能买，就算买了也不能当时就用。发热的水泥还在膨胀期内，使用后瓷砖会因膨胀而起鼓。

　　（3）过期的水泥不能买。一般来说，水泥的储存期为3个月，超过3个月时就已经需要降低一个强度等级使用了，超过6个月的水泥绝对不能使用了。

　　2. 用简单的方法检验水泥的真假

　　（1）看重量足不足。如果水泥袋子看着不饱满，空出一大段，则多半是假冒伪劣的。

　　（2）低于市场价的多半也是假的。

　　（3）用一次性杯子装一点儿水泥，加水搅匀，静置6~12h后，看是否结块。如果其成粉状，则说明是劣质水泥，或者是已经变质、过期的水泥。如果工人告诉你，一天前粘贴的瓷砖仍能够起下来更换，那么这种水泥的质量一定很差。

3. 认准大厂品牌

水泥的考核标准主要有三个：抗压力、抗拉力和安定性。家庭装修中的水泥对前两个指标要求不高，对安定性要求则很高。如果水泥的安定性不好，则极有可能会在几年后出现地砖起鼓、墙砖脱落等现象。

水泥的安定性不是普通消费者可以考核的，只能尽量选择信得过的产品。

买水泥一定要认准大厂的牌子。有个小窍门可以帮助你选定品牌：打听一下当地的一些大型建筑项目（如体育场馆、展览中心）用的是什么品牌的水泥，你就买这个厂家的。为了防止买到仿制产品，购买水泥最好到正规场所购买，那些在小区楼下销售的水泥一定要慎重鉴别。

4. 去哪儿买

水泥和砂子很重，价格也不贵，去离家近的家装材料市场购买就可以了，商家通常能送货。有些小区旁边有卖水泥、砂子的，要看看价格，别买贵了。

（1）如果与商家约定买多了可以退货，则一定要当场在订单上注明，以防以后商家不承认。

（2）一些施工人员在贴瓷砖的时候喜欢往水泥里面加胶，其实这种做法不可取。如果水泥质量好，贴瓷砖是不用加胶的，劣质水泥加了胶也没用，过段时间贴好的瓷砖还是会掉下来。再说，建筑用胶容易对室内造成污染。但也有例外，冬季施工的时候可以加胶，因为胶比较难凝固，可以防止水泥中的水结成冰，从而让水泥在低温条件下也能正常凝结。

砂子——假冒伪劣最可怕

购买档案

关键词：河砂，山砂，海沙，粗细度
重要性指数：★★★★★
选购要点：严禁用海砂，少用山砂，河砂最好

水泥砂浆是重要的建筑辅料，其中砂子是必需的材料，起"骨架"作用，水泥起凝胶作用。如果水泥砂浆中没有砂子，那么它的强度将无法保障。

 选购技巧

1. 不能太细，也不要太粗，中砂最好

砂子分为特细砂（粒径小于0.25mm）、细砂（粒径为0.25~0.35mm）、中砂

（粒径为0.35~0.5mm）和粗砂（粒径大于0.5mm）四种。

一般来说，砂子越粗，调配出的水泥砂浆强度越高。太细的砂吸附能力不强，不能产生较大摩擦而粘牢瓷砖。强度过高也不好，会导致用其找平的地面出现开裂等现象，因此在家装中推荐使用中砂。

2. 严禁使用海砂，少用山砂，河砂最好

在建筑装饰中，国家严禁使用海砂，而山砂由于杂质较多，不宜使用，最适合用于家装的是河砂。

（1）南方市场要谨防用海砂冒充河砂。2013年年初，南方某地曝出居民楼房楼板开裂、墙体裂缝、雨天渗水等问题。经调查，问题的根源在于建设时使用了大量海砂。一石激起千层浪。全国其他地方也相继曝出类似事件。无良的开发商之所以选择"海砂"做建筑混凝土，是因为它可以节省一半的成本。

海砂有什么危害呢？因为它所含的氯离子超标，会严重腐蚀建筑中的钢筋，甚至造成建筑倒塌。住房和城乡建设部早在2004年9月就在《关于严格建筑用海砂管理的意见》中规定，海砂必须经过净化处理，满足要求后方可用于配制混凝土。若必须使用海砂，则应经淡水冲洗，其氯离子含量不得大于0.02%。然而，无良的商人们就算冲洗海砂，用的也是海水。

辨别海砂最简单准确的方法是用舌头舔，又咸又苦的是海砂。如果你觉得这个方法有点不好操作，也可以看洁净度和价格。海砂通常比河砂干净，价格也便宜许多。

（2）北方市场要防止砂子含泥土量太高。辨别砂子的泥土含量并不是很难，有经验的人只要抓起一把砂子就能够知道。即使没有经验也不要紧，抓起一把砂子放在手上，倒点儿水搅拌，如果有很多泥浆就说明泥土太多。

3. 重量要足

购买砂子时要特别注意是否够重量。有些商家，特别是在一些廉价的市场上，砂子的价格便宜，而且包送，可是重量却严重不足，那就得不偿失了。

电线——质量好是唯一的标准

购买档案

关键词：3C标志，绝缘层，铜芯

重要性指数：★★★★★

选购要点：质量合格是唯一的原则

电线是电路改造中的重要角色，其质量的好坏直接关系着入住后的用电安全。因此，电线的选购只有一个原则：用质量好的。注意，质量好的不一定是最贵的。

强烈建议业主自己购买电线，并且在现场监督工人操作，安装完毕立刻进行通电检验。

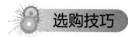 **选购技巧**

1. 看标志

电线属于国家强制认证的CCC产品，购买时一定要选择带有此标志的电线。同时，还要注意电线上以及合格证上的产品名称、厂名、商标、规格型号等字迹是否清晰、规范、准确。

2. 看绝缘层

优质电线的颜色鲜艳，线体油光发亮，绝缘层柔软、有韧性，伸缩性能好，表面看起来紧密光滑无粗糙感；相反，质量差的电线则线体发白，颜色不正，绝缘层生硬，表面还可能存在扭曲、不平等缺陷。此外，优质电线的外皮较薄，外皮和铜芯包裹得很紧，外皮基本上不能轻易转动。

3. 看铜芯质量

首先，优质线芯有金属光泽，表面光亮、平滑、无毛刺，绞合紧密度高、柔软有韧性、不易断裂。其次，优质电线的铜芯一定位于正中央，绝对不会偏。如果铜芯有污渍，则说明其制造工艺上缺少"碱化"程序，属于不合格产品。

4. 看铜芯直径

一般来说，铜芯的直径越粗，价格越高，质量也越好。至于装修时要买什么规格的电线，要根据具体的家用电器来定，购买前可以咨询装修公司或者电工。

购买铜芯时，一定要确保铜芯直径符合商品包装上的尺寸标准，否则就是伪劣产品。大家如果心里没谱，可以用尺子量一下。

5. 不同用途的电线要用不同的颜色

为了维修方便，不同用途的电线应该选择不同的颜色。例如，火线用红色或棕色，零线用蓝色、绿色或黑色，接地线用黄绿相间的线。无论选择哪种颜色，在同一个家庭中，同一种相线的颜色应该一致。例如，如果用红色的线做火线，那么同一个家中，所有的火线都要用红色的。

如果业主没有购买电线的经验，可以与装修公司的人或者工长一同去买。他们可以帮你把质量关，这样店家就不会拿伪劣产品出来。

6. 宜少不宜多

购买电线有一个重要原则，宜少不宜多。买少了可以再补，买多了就浪费了。

家庭用的电线按截面面积分，主要有三种规格：1.5mm^2——一般用于灯具和开关线，电路中的地线一般也用这种线，它的双色线较多，可以便于区分颜色；2.5mm^2——一般用于插座线和部分支线；4mm^2——用于电路主线和空调、电热水器等的专用线。此外还有6mm^{2}的铜芯电线，主要用于进户主干线，家装中几乎不用或用量

火眼金睛选家庭装修材料VS装修完成后常会后悔的39件事

很少。至于具体的使用量，只能在具体施工时依据每家的具体情况进行精确计算。

电线穿管——阻燃、抗压是关键

购买档案

关键词：PVC，穿线盒
重要性指数：★★★★★
选购要点：阻燃，抗压性好，越厚越好

在电路改造中，严禁将电线直接埋入墙体，一定要套管后再埋线。同时，电线在线管中严禁有接头，电线接头处一定要用接线盒。否则，一旦电线绝缘外皮出现破裂，就会造成电路短路、断路及墙体带电的危险。由于更换电线较麻烦，所以穿线管的质量必须有保证。

按材料分，穿线管有交联聚乙烯管、PE管和PVC管。如果经济能力允许，也可以用国标中的专用镀锌管做穿线管。

目前最常用的穿线管是PVC阻燃管，占装修市场的90%以上，是本节重点介绍的对象。对于其他材质的穿线管，只要能达到国家标准要求的各项功能即可使用。

 选购技巧

1. 看合格证
合格证的重要性不必多说。

2. 看PVC管是否阻燃
检验的方法很简单，取一小段用火烧一下，容易燃烧变形的，必然不是质量好的。

3. 看外观是否光滑
合格的PVC管，其内外管壁表面都应该光滑。外表粗糙的自然不是质量好的。

4. 看管壁的厚度
穿线管越厚越好，按照国家标准，穿线管的管壁厚度至少要达到1.2mm，强度应达到用手指用力都捏不破的程度。穿线盒也要选择厚壁的。

5. 看抗压性
合格的穿线管，即使人站在上面都不会瘪。

大家在选购穿线管时，要依照上面的标准多比较几个样品，不可抱有凑合的心态。

穿线管的厚薄对比

切记：如果由装修公司提供穿线管，那么业主在与装修公司签订合同时要明确用什么管材，并且在合同中详细注明管材的品牌、型号、规格和壁厚等。总之，越详细越好。

特别提醒

（1）根据国际标准，穿线管中电线的总截面面积不能超过穿线管内截面面积的40%。具体施工时，以能拉动管内的每根电线为宜，以便日后检修、换线。

（2）穿线管中，强弱电线要分开，电线与燃气管要有一定的距离。布线要横平竖直，严格按照图纸的指示，避开其他需要穿墙的物体。

（3）穿线管一定要插到穿线盒里面，方便以后换线。

（4）两根穿线管的连接处如果采用直接方法，则一定要涂PVC胶水，防止脱节。弯道处尽量将弧度弯大一点儿，方便穿线。

（5）按照施工标准规定，电路改造结束后，要进行质量验收，并做好验收记录，不规范的施工队往往没有电气隐蔽工程验收记录。

PPR水管——六个窍门选到好管

购买档案

关键词：PPR，厚度，硬度，回弹性，环保性

重要性指数：★★★★★

选购要点：大厂产品，不变形，无异味，踩不碎，燃烧无黑烟，美观

与电线一样，水管是水路改造的关键。为了美观，在装修时水路管线通常会被包起来或者暗埋，这无形中加大了检修难度。如果水管漏水，就必须拆除吊顶或者包管，甚至要破坏地面装修。

目前常见的水管有以下四种：

（1）镀锌管。就是在钢管表面进行一定工艺的热浸镀锌，使其外表涂上镀锌层，起到防锈的作用。现在的煤气、暖气用的铁管就是镀锌管。作为水管，镀锌管不能暗埋，它容易渗漏，还会因为管内生锈腐蚀造成水中重金属超标，我国已经禁用，但是年份已久的老房子里还可以见到。

（2）铜管。这是传统的好水管，耐腐蚀。但是，它一来价格昂贵，非一般家庭可以承担；二来，如果管件连接不好会出现渗漏，不适宜埋在墙里。所以，在一般家庭装修中不多见。

（3）铝塑管。这种管曾经比较流行，但是用作热水管时容易渗漏，价格也较PPR管高，已渐渐趋于淘汰。

（4）PPR管。主要材料是聚丙烯，它无毒、耐腐蚀、热熔无缝连接，可以用于冷、热水管，也可以暗埋，是目前比较完美的水管。

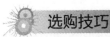 选购技巧

1. 看是否是大厂生产的正品

正规的产品应该有齐全的证书，能够提供质量和售后保证，并且能够在各大家装材料超市中看到产品样品。注意，不要太相信广告。有些品牌的产品质量不见得有多出众，只是广告做得好。羊毛出在羊身上，广告费最终都会摊到消费者头上。所以，不要盲目选择名牌，而是要实际考察产品的质量和价格。这一点适用于所有的产品。

2. 看水管的管壁

水管的管壁越厚越好，至少要达到3.4mm。

PPR管分为热水管和冷水管，两者的压力等级不同，冷水管是1.25MPa，1.6MPa，热水管是2.0MPa，2.5MPa。压力等级越高，管壁越厚，管材质量也越好。由于冷、热水管的价格相差不大，所以建议大家装修时不妨全部选用热水管。

3. 摸管壁，看颜色

优质管材的外壁摸起来细腻，看起来有质感。需要提醒的是，市场上的PPR管主要有白、灰、绿等几种颜色。一般情况下，回收塑料是做不成白色的，于是有人认为白色的水管是最好的，这种观点比较片面。只有各项性能都达标的产品才是好产品。

4. 闻味道

好的管材没有气味，质量差的则有异味。

5. 捏、砸、踩

PPR管具有相当大的硬度，不能随便被捏变形。同时，好的PPR管回弹性好，人站到上面轻易踩不裂，也不容易砸碎。但是，对于无论如何都砸不碎的PPR管，大家也要小心，有可能是其中加入了过多的碳酸钙等杂质，提高了管材的硬度。这样的管材用久了容易发生脆裂。

合格的PPR管材管不会随便变形

6. 火烧

好的PPR管材燃烧后不会冒黑烟、无气味，熔化出的液体很洁净。反之，如果冒黑烟，有刺鼻气味，则说明原料中混入了回收塑料或其他杂质，不能购买。

填缝剂——根据颜色缝隙来选择

购买档案

关键词：颜色，手感，缝隙宽窄，填缝剂功能

重要性指数：★★★★

选购要点：看颜色，辨手感，功能性符合标准

　　填缝剂是一种由水泥、细砂和多种聚合物混合而成的填充材料，其主要功能是填充瓷砖和地板铺贴时留下的缝隙，以加强瓷砖之间的凝结力，防止其膨胀变形。它具有防污、防油、防水、防霉和耐磨等特性，因而清洁方便，可直接清洗擦拭。

　　填缝剂颜色多样，在色彩选择上，可根据瓷砖颜色合理搭配。

 选购技巧

1. 通过颜色进行辨别

　　购买填缝剂时，其一要注意与瓷砖颜色合理搭配；其二要能够通过颜色辨别质量。具体如下：优质的填缝剂色彩饱满、色调柔和，看起来给人赏心悦目之感；而劣质的填缝剂则色彩欠饱满、色调不纯正，看起来黯淡无光。

2. 通过手感进行辨别

　　视觉和触觉是我们认知事物最直接、最基本的方法。除了通过观颜色辨质量外，我们还可通过体会手感来辨别填缝剂的质量。将少量填缝剂放在手中，然后捏起一点慢慢捻，优质的填缝剂手感细腻；劣质的填缝剂则手感比较粗糙。

3. 根据缝隙宽窄来选择

　　不同的装修需求往往对瓷砖与瓷砖之间缝隙宽窄的要求不同，而这一要求必然导致对填缝剂的要求也不同。如果瓷砖之间的缝隙较窄，那么就要求填缝剂具有很高的和易性；反之则要求有能够严格控制的收缩量。通常情况下，如果缝隙宽度在3mm以上，就要选择含较大直径颗粒的填缝剂，因其方便控制收缩量。填缝剂分为砂型和无砂型两种。所谓无砂型并非指不含任何砂粒，而是所含砂粒较为细腻。这种类型的填缝剂因承压力和凝固力小，所以适用于缝隙较窄的亮光型瓷砖。而如果是缝隙较宽的亚光型瓷砖（或仿古地砖），选择有砂型填缝剂更适宜，因为无砂型易致瓷砖开裂。

4. 功能性要达标

　　填缝剂主要用来填充缝隙，以防止缝隙进水、受潮发霉和变污，因而在选择和购买填缝剂时，首先要注意它的防水、防霉、防污、耐磨能力；其次还要看好质量认定标志，尽量购买正规厂家的产品，以保证产品的安全、环保、无毒。关于如何

判断填缝剂的防水能力，这里有一个小诀窍：将少量填缝剂放入水中，防水性好的填缝剂不易溶于水，水面上会漂浮着颗粒且有油迹；而防水性能差的填缝剂则会迅速沉底。

特别提醒

（1）填缝剂的使用方法。首先将填缝剂和搅拌液放入准备好的干净容器中，然后搅拌成膏状，稀稠可根据缝隙宽窄适当调节；缝隙小就要调稀一些；否则就要调稠一些。其次，将搅拌好的填缝剂涂于瓷砖缝隙中，注意一定要填满压实，然后刮去多余部分。切记每涂一段（最长1m）都要及时刮平。待完全涂完后，再等10~15min，然后用湿布或海绵清理表面。

（2）填缝剂施工注意事项。不要在雨天进行；施工温度保持在5~40℃；施工完毕，切勿使用酸性清洁剂擦洗。

（3）填缝剂具有腐蚀性，使用时一定要避免接触眼睛，如不慎入眼要立即清洗，必要时一定及时就医。

第2章 板材、吊顶材料部分

实木板——品质、品种都是重点

购买档案

关键词：板材，木龙骨条，方，大头，小头，长度，树种

重要性指数：★★★★

选购要点：无疤结等瑕疵，尺寸均匀，足够干燥

在现代家装中，由于人们很少自己做家具，而且家具板材也趋于非实木化，所以用到实木的地方并不多。一般来说，木材主要用于打木龙骨和少量木工活。此外，为了配合木地板，还会用到木角线、木挂镜线、木踢脚线等。

其中，板材或龙骨条是由未加工的木材（即原木）直接锯开而成的，一般按立方米计价（俗称"方"）。木踢脚线等则是加工后的木材，一般按米计价。

选购技巧

1. 要选择尺寸均匀的木料

在低档的家装材料市场中，木料商的报价可能很低，奥秘就在于"算方"。他们会带着树皮破木材，这样树皮的厚度就算进了尺寸中；他们切割木材时，会切得一头大一头小，或者上底宽下底窄，这种板材不但会影响使用，算出的体积也会比实际体积大许多。

大家如果不想与木材商斗智斗勇，不妨去高档一点的建材城买板材。那里的报价虽然高一些，但尺寸一般会比较规矩。

2. 同样价格下，尽量选择长一点的木板

木料都是整捆或整堆地按统一尺寸出售的，但是同一堆中，每一根的实际尺寸会有差别。例如，按4m卖的木料，实际尺寸为3.9~4.1m。显然，对于消费者来说，木料越长越划算。

3. 选择厚一点儿的木料

理由同上一条。同时，不要听信商家报的厚度，要亲自用尺子量一下。

4. 最好打开捆好的木龙骨检查一下

有些不良商人可能会将断的或短的木龙骨夹杂其中。板材也应该逐块检查一下。

5. 不要有疤结、开裂、腐朽、虫眼等瑕疵

这些瑕疵会大大降低板材的强度和寿命，如果用于重要部位，如做吊顶的木龙

骨，则会有安全隐患。用于装饰的木线，如木挂镜线、实木踢脚线等，除了不能存在上面提到的瑕疵外，还应该笔直、顺滑，无毛刺。

6. 选择干燥的木料

湿度过大的木料在使用中会因为温度、湿度的变化而变形，甚至开裂。现场检查湿度不太容易，因为没有标准。比较省事的办法是，大家可以选择看起来比较旧的木材，甚至可以直接去买从其他建筑上拆下来的木材，这样不但省钱，还可以保证质量。

7. 装饰性木线，正面、背面都要好

木踢脚线等已经刷过油漆的木线，要同时检查正反两面。从背面看木质的好坏，不能有疤结、裂痕、虫眼等缺陷；从正面检查油漆的光洁度、均匀情况以及色度、色差。如果正面有图案，图案应清晰，加工深度一致。

8. 认清木材种类，掌握大致的价格

作为普通木料，目前市场上最便宜的是白松木，不会有人用其他品种冒充。所以，如果不会鉴别木材，建议买白松木，以免上当。

用作装饰木线的实木中，泡桐、椴木价格较低，水曲柳次之，榉木价格较高。

昂贵的红木一般用在家具中，根据品种不同、产地不同，价格也相差很多。

总之，大家在选购实木时，要先学会辨认木材的品种，并且知道大概的价格，不要让商家用假货骗了。

（1）木材可以提前买，一来可以防止木材涨价，二来可以使其干燥一段时间。

（2）购买未加工的木材时，较好的方法就是购买拆下来的旧木料，这样既省钱又不用担心木料湿度过高，质量也能有保证。

细木工板（大芯板）——用处多，选购窍门也多

购买档案

关键词：甲醛，厚度，芯材，重量，售货员的态度，价格

重要性指数：★★★★

选购要点：环保性能要达标，芯材要合格，价格太高或太低都不宜

细木工板俗称大芯板，上下两面是整块的三合板或五合板，中间是胶合的拼接木板。所谓"大芯"，是指中间的"芯"很厚。

大芯板的横向抗弯刚度较高，握钉力和防水性也较好，家装中必须用钉子钉的大件木工活多用大芯板，如书柜、鞋柜、衣橱的隔板、门扇窗套、地台、吧台的台面等。

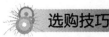 **选购技巧**

1. 闻气味

由于大芯板中用了很多胶，甲醛含量高。因此，购买大芯板时，要注意检查其有毒物质的含量。

简单的检查方法是闻味道。大芯板通常都是成堆码放，购买时，可以选择比较新的堆头，把上面的几张大芯板抬起来扇一下，闻一下飘散出来的气味是否有强烈的刺激性，如果有，则环保性欠佳，不宜购买。也可以拿一块比较新的边角料仔细闻一下，如果有刺激性的气味，就可以打消购买的念头了。

2. 看环保标志

大芯板有明确的环保标准，大家在购买时一定要购买正规厂家的E1级以上产品。同时要严格控制大芯板的使用量，防止有害物质因叠加而超过室内空气质量标准。

3. 看表面是否平滑

优质的大芯板表面平整，没有翘曲、变形、凹陷等问题。

4. 看上下表皮的厚度

板材的表皮越厚越好，因为其承重能力和抗变形能力也会随之加强。如果可能，逛市场时可以要一块样板，或者用尺子大致量一下表皮的厚度，作为比较的样本。

5. 看芯材

优质大芯板的芯材采用原生木做材料，劣质的则会用旧家具等二手木材做芯。判断大芯板的芯材是好是坏，锯开板子就一目了然了。优质的芯材应该均匀整齐、缝隙小，没有腐烂、断裂等缺陷。

6. 掂重量，太重太轻都不好

如果板材看起来很厚实，拿在手里却出乎意料的轻，那么，它的芯材可能不是木材，而是杂物或者纸板之类。大家只需用刀子将板材切下一点，观察切口处板芯的材质如何就真相大白了。

7. 看价格

大芯板的价格与质量是成正比的，一般来说，低于市场价格的大芯板通常不合格。尤其是品牌产品，那些与专卖店价格差别太大的品牌货，基本可以断定是假货。

8. 看售货员的态度

如果售货员特别热情地向你推荐某种"品牌"的大芯板，你可要当心了。这意味着有两种可能性：一是这种产品利润最大，二是这种产品是积压货。这一条对所有产品都适用。

大芯板表皮越厚越好，板芯也不能有断裂等瑕疵

刨花板——橱柜的理想选择

购买档案

关键词：握钉力，环保，防水防潮

重要性指数：★★★★

选购要点：选大厂产品

刨花板也叫实木颗粒板，中间由干燥的原木颗粒和胶一起用热压机热压而成，上下表面是组织细密的木片。

刨花板的优点主要集中在三方面。

（1）不易变形，握钉力强等。

（2）环保性好。目前市面常用的刨花板是两面贴三聚氰胺饰面的，在加工时一般还要进行封边处理，以使刨花板里的有害物质不易挥发，在环保方面强于其他板材。该板经封边处理后与中密度板的外观相同。

（3）防水性较好。刨花板中有木质长纤维，更多地保留了木材的结构，所以刨花板膨胀到一定程度将不再膨胀（8%~10%）；因此防潮综合性能优于密度板。

正是基于以上优点，刨花板被广泛应用在家装材料中。欧美几乎所有的家具、橱柜厂会使用刨花板，国内的家具、橱柜等大厂也大多以饰面刨花板为主要板材。现在的绝大多数计算机桌就是用刨花板制作的。

综上所述，建议大家在订制橱柜家具时，选择以刨花板为主要板材的。

刨花板的缺点是不易做弯曲处理或曲形断面处理，对加工机械要求高，只能由专业厂家用专业设备加工，无法由木工师傅手工加工。

普通刨花板（左）和定向刨花板（右）

 选购技巧

1.看断面

订制橱柜或家具时，可以事先看看板材。好的刨花板，从断面看，木材颗粒越往中间越粗，这样的结构使刨花板的张力很好，不易翘曲形变。

2.尽量购买大厂家的产品，慎选小厂家产品

刨花板的加工对机械要求很高，大厂家往往具备更好的技术和设备，同时比较重视市场信誉，所以出问题的较少。

好刨花板（上）的颗粒分布均匀，结构紧密；
差刨花板（下）的颗粒不均，分布错乱，松散

反之，小厂家由于设备、生产工艺落后，只能生产一些普通的白光板、榉木纹板，这些板材在承重及抗弯曲、抗变形方面都较差，制作的家具在紧固后容易松动且再紧固强度不足，遇水后会迅速膨胀，并且甲醛含量极高，无论是质量还是环保性都无法保障。

密度板——用对地方，就是好材料

购买档案

关键词：韧性，密度

重要性指数：★★★★

选购要点：环保，弹性好，表面清洁度好

密度板也叫纤维板，是由打碎的木材或者植物纤维黏合而成的。由于树木越来越少，因此密度板成为实木板的最佳替代品。

按密度的不同，密度板分为高密度板（不小于880kg/m³）、中密度板（550~880kg/m³）和低密度板（不大于550kg/m³）。一般来说，以单位面积计，板材的密度越高，质量越大，价格也越高。

密度板在家装中，更多地用在成品中，最常见的就是强化地板，还可用在成品家具、防盗门以及家用电器中。作为未加工的板材，它主要用于混油工艺的表面处理以及做造型，如电视墙、隔断等。

制作家具多数是用中密度板，高密度板由于密度太高，很容易开裂，所以没有办法做家具，但是可以用于地板、护墙板、隔板等的制作材料中，强化地板的制作材料就是高密度板。

密度板的优点很多：

（1）表面光滑平整、材质细密、性能稳定、边缘牢固，避免了腐朽、虫蛀等问题。

（2）韧性好，抗弯性和抗冲击性都优于刨花板。

（3）容易做造型，是很好的装饰材料。首先，密度板本身就是一种美观的装饰板材，很适合用在需要精细雕刻造型或者做异形弯曲的地方，如电视墙或者隔断，做好后用胶黏到其他木板上很好看。其次，密度板表面很容易进行涂饰加工，是做油漆效果的首选基材，很多现场制作的混油门就是用密度板做最外面的装饰层。同时，它的表面还可以贴各种装饰膜、装饰板以及轻金属薄板等。

图为中密度板半侧图
密度板表面光滑，木质匀细，平整度很高

（4）中密度板具有接近天然木板的性能，却无天然木板的缺陷。高密度板可以制成吸声板，用于装饰工程中。

与此同时，密度板的缺点也非常明显：

（1）握钉力差，螺钉旋紧后如果发生松动则很难再固定。一般需要把密度板固定到其他板材上，利用其他板材的握钉力。

（2）不防潮，见水就发胀。

（3）由于韧性比较大，可以弯曲，大面积使用时很容易"塌腰"变形。所以密度板不适合做木制品的框架，也不适合用作承重的平面。

选购技巧

1. 选择甲醛含量低的产品

密度板在生产过程中使用了大量的胶水，这些胶水含有甲醛，所以甲醛释放量是非常重要的检测项目。根据国家标准，可用于家装的密度板按照其游离甲醛含量可分为E0级、E1级和E2级。其中，E0级甲醛释放量不大于0.5mg／L，环保性最优；E1级甲醛释放量不大于1.5mg／L，可直接用于室内装修；E2级甲醛释放量不大于5mg／L，不适合直接用于室内装修，需要做防护措施，如贴饰面板或封边等。目前市场上的密度板大部分是E2级的，E1级的较少。正因为如此，密度板多用于专业厂家生产的成型家具、门板或者做造型，并不适用于在施工现场制作柜体、家具。

消费者在选购密度板板材时，应尽量购买甲醛释放量低的商品。

2. 看表面清洁度

清洁度好的密度板表面应无明显的颗粒，用手摸表面时应有光滑的感觉。如果表面有颗粒，摸起来发涩，说明有杂质或加工不到位，不仅影响美观，而且表面刷漆或贴膜后容易剥落。

3. 表面平整度要高

从侧面检查板材，如果看上去表面不平整，则说明材料或涂料工艺有问题。

4. 整体弹性好

密度板的一个显著特性就是韧性好，可弯曲，所以较硬的板子一定是劣质产品。

特别提醒 国外的密度板和国内的密度板由于标准不一样，所以有较大差异，国外的密度板的品质非常好，很多机械化生产的家具用都都是密度板。

胶合板——以厚度定价

 购买档案

关键词：厘

重要性指数：★★★★

选购要点：厚度要够，平整，无杂物

胶合板也称为多层板，是由原木切成的木片叠压胶合而成的薄板材，属现在流行的三大人造板材之一。

胶合板的层数通常是奇数，最少三层，例如，三合板、五合板、九合板、十三合板就是分别由三层、五层、九层、十三层单板黏合而成的。市场上，胶合板通常以厚度来命名，几毫米厚就是几厘板，如厚度为3mm的就叫3厘板。事实上，厚度真正达标的很少，如9厘板不一定就有9mm厚，但一定有9层。

由于胶合板是用胶黏合的，所以其环保性极差，不推荐在家装中大量使用，可以少量用作衣柜背板。

胶合板是由多层板材胶合而成的

 选购技巧

1. 看厚度

胶合板一般越厚越贵。不过，如果没有韧性，再厚都属于次品。在购买胶合板时，不必纠结于具体是几厘板，但可以将此作为讨价还价的一个条件。

2. 看是否有瑕疵

把板材放在亮光下，看板材表面是否有脱胶、鼓泡、边角缺损，或者木片中有无杂物叠压等瑕疵。

3. 看翘曲程度

板材有一点儿不平是可以接受的，但是，如果太弯曲则不宜购买，因为显然其质地很差，而且没有处理好。

饰面板——分清人造还是天然

购买档案

关键词：天然木饰面板，人造木饰面板，厚度，材质，甲醛

重要性指数：★★★★

选购要点：表面无瑕疵，厚度合格，板材处理、胶合均到位，环保达标，花纹及颜色自然

饰面板也叫贴面板，是在胶合板表面粘贴了一层天然木材（通常是名贵树种）薄片，使其表面具有天然的木纹，如柚木、胡桃木、黑檀、水曲柳、橡木等。饰面板比普通胶合板更美观，既具有了木质的真实感，价格又实惠，是家装中常见的板材，例如，用大芯板制作的家具，通常要贴饰面板。

饰面板的选购很重要，因为只有使用了好的饰面板，家装中的木工活才漂亮。

饰面板有天然和人造两种。天然饰面板表面用的是天然名贵木材，人造饰面板的表面贴片是人造的，有多种形式，其中与天然饰面板最相似的是"科技木饰面板"。科技木又名"美化木""组合木""人造木皮"等，是将天然的普通木材或人工种植的速生林，如杨木、桐木等便宜木材，经过加工处理，形成特殊纹理和颜色。例如，常见的红胡桃、黑胡桃、"斑马木"等大多是杨木加工而成的。

各种木纹的饰面板

此外，三聚氰胺饰面板也属于人造饰面板，它是将带有不同颜色或纹理的纸张放入三聚氰胺树脂黏合剂中浸泡，然后干燥固化到一定程度后覆贴在密度板的表面，经热压而成的装饰板。

选购技巧

1. 看清选的是人造木饰面板还是天然木饰面板

两者很容易分辨：人造木饰面板的纹理有规则，天然木饰面板则呈现的是天然的木质花纹，纹理图案自然，无规则。至于三聚氰胺饰面板，由于它的基板是密度板，而没有胶合板这一层，因此分辨起来很容易。

2. 背面板质很重要

饰面板要注意背面板材的材质，常见木质中，杨木的最好，梧桐木的容易起鼓，不算太好。

3. 检查表面木皮的瑕疵和花纹

首先，饰面板的表现要平整、完好，无死节，无挖补，无砂伤、压痕，无板面污渍等缺陷。其次，优质饰面板的纹理应细致均匀、色泽清晰、美观大方、基本对称。如果花纹不好或者不自然，油漆施工后也不好看。

4. 看贴片与基材的黏合情况

首先看木色，基材与贴片的木色应相近，无明显色差。其次看胶合情况。木皮与基材、基材内部各层之间不能出现鼓泡、分层、脱胶现象。可以用锋利的平口刀片沿胶层撬一下，如果胶层很容易被破坏，但木材完好无损，则说明胶合强度差。

5. 闻气味

如果板材有很强烈的异味，则说明甲醛释放量超标，不宜购买。购买时，要向商家索取检测报告，看该产品是否符合环保标准。

6. 检查基层与表面木皮的质量

木饰面板的价格由两个因素决定：一为基材，基材越好越贵。二为木皮材质，木皮树种越珍稀，木饰面板越贵；木皮越厚，木饰面板越贵。不同的木饰面板价格相差悬殊。饰面板的质量可从以下两方面判断。

（1）看厚度。家装中常用的国标饰面板的规格为：表面木皮的厚度为0.2~0.3mm（包含天然木皮、科技木皮），饰面板的总厚度为3mm，但是市面上的木饰面板的厚度多为2.5~2.8mm。国标饰面板比非国标的要贵，大家购买时可以用尺子量一下。

作为贴面的表层木皮越厚越好，油漆施工后实木感越强。太薄则会透底、变化，影响美观。木饰面板木皮厚度可直接从板材边缘观察到，另外也可在面板表面滴几滴清水，如果出现透底则说明木皮面层较薄。

（2）看基材材质。基材以柳桉木为佳，但价格也较高。另外，基层的厚度、含水率要达到国家标准，要做除碱处理。较差的基材在空气湿度变化时，容易变形、四边翘起。

为了防止买到劣质产品，要注意选购标志齐全（类别、等级、厂家名称等）的正规厂家的产品，只有标志齐全的板材才能得到应有的质量保证。

7. 水滴法测颜色

装饰面板贴到家具上后都要刷漆，这样才会变得光彩照人。刷漆后的饰面板，其颜色会变深。如果想知道它最终会是什么颜色，购买时可以在饰面板上滴几滴水，此时的颜色和刷完漆的颜色近似。

8. 不必过于看重表面木皮的树种

饰面板的木皮树种很多，诸如黑檀、紫檀、沙比利、花梨、黑胡桃、白橡、红榉、樱桃木等，令人眼花缭乱，价格也因珍稀程度不同而有差别。大家不必纠结于选哪种木材，因为它们只有薄薄的一层，就起个装饰作用，对装修没有太大影响。大家要做的就是选择自己喜欢的花色以及合适的价格。

特别提醒

（1）木饰面板在运输途中及施工过程中要注意保护，因为如果板材在出厂后沾染污渍或者磨损，商家是不接受退货的。正规的装饰公司在木饰面板进场后，会马上涂刷一遍清漆来保护面板。

（2）施工中当木饰面板需要补货时，最好带上一块原来面板的边角料，避免新补的木饰面板和原来的木饰面板存在色差。

木龙骨——常用骨架材料，"察言观色"细选择

购买档案

关键词：颜色，密度，标准规格

重要性指数：★★★★

选购要点：查看表面，测试密度，测量尺寸

木龙骨俗称木方，是由木材加工而成的木条，在装修中比较常用。它的材质通常有杉木、松木、椴木等，其中以松木居多。木龙骨具有操作简单、方便搭建、易于调整等特点，其主要功能是支撑吊顶、地板、墙裙等，相当于支架。木龙骨型号多样，要根据不同的使用部位，选择不同的规格。用于吊顶的木龙骨有主次之分，主龙骨的规格一般为30mm×40mm、40mm×60mm，次龙骨（副龙骨）的规格一般为20mm×30mm、25mm×35mm、30mm×40mm；用于支撑地板的木龙骨规格一般为25mm×40mm、30mm×40mm；用于支撑墙裙的木龙骨规格一般为10mm×30mm。

另外，由于木龙骨的材质主要为木质，因此在使用过程中要注意防火和防潮，远离火源和潮湿环境，比如客厅、卧室等地方较适合使用木龙骨；而卫生间、厨房等则要尽量避免。根据以上特点，在选择和购买木龙骨时要仔细甄别，好的材质往往可以延长龙骨的使用寿命。

 选购技巧

1. 查看产品包装和相关证书

选购木龙骨时务必仔细阅读产品包装信息，根据信息来辨别木龙骨的质量优劣。优质木龙骨通常包装较正规，证书上通常包含以下信息：材质、规格和环保等级。根据国家相关标准，室内装修材料环保等级要达到E1级。而劣质木龙骨往往包装粗糙，证书上相关信息也比较模糊。

2. 对木龙骨进行"察言观色"

在挑选木龙骨时，切勿偷懒，尤其是对于成捆包装的木龙骨，务必要打开包装，每一根都仔细检查。检查时主要注意以下几点：第一，看颜色和光泽。优质木龙骨颜色发红，纹理清晰，表面光滑；而劣质或陈旧的木龙骨则颜色泛黄且深浅不一，表面粗糙，缺少光泽。第二，看细节。表面不能有疤结、树皮、虫眼和裂痕。疤结易致木龙骨断裂且很难钉入钉子、木楔；而树皮和虫眼通常是有蛀虫的标志，不但会影响木龙骨本身，还会使家中所有木质家具都遭到蛀虫的啃噬。第三，看曲直。挑选木龙骨时要避弯取直，弯曲木龙骨会导致整个骨架变形。

火眼金睛选家庭装修材料VS装修完成后常会后悔的39件事

3. 查看木龙骨密度和含水率

首先，优质木龙骨密度大，直观感觉是拿在手中较敦实，用手按压有弹性，弯曲后易复原，敲击时声音脆，用指甲按压时无明显痕迹。其次，还可通过含水率辨别木龙骨质量优劣。含水率可在购买时咨询商家，虽然不同地区的含水率衡量标准有别，但多以不超过15%为宜。选购木龙骨时，含水率要尽量低，湿度过大的木龙骨易变形干裂。通常，加工完成时间久、避风避光放置的木龙骨含水率更低。

4. 确认尺寸

木龙骨尺寸众多，可根据装修需求选择相应尺寸，但要注意产品实际尺寸与标准尺寸是否存在误差。选购木龙骨时，要实际测量两端横切面尺寸，以保证整条木龙骨粗细均匀。

（1）使用木龙骨时，务必要做防火处理，防火涂料要刷满整根龙骨，不能有任何遗漏。

（2）安装木龙骨时，确保排列整齐无错位，垂直误差要控制在3mm以内；水平误差则要控制在2mm以内。主龙骨间距在300mm以内，次龙骨间距在400mm以内，主龙骨与吊杆的间距在600mm以内，悬挂式龙骨的露出长度不大于150mm。

轻钢龙骨——镀锌含量决定质量好坏

购买档案

关键词：镀锌工艺，断面类型，龙骨规格

重要性指数：★ ★ ★ ★

选购要点：雪花状镀锌，选择适合的类型和规格，断面形状选择，厚度选择

轻钢龙骨是以优质的连续热镀锌板带为原材料，经冷弯工艺轧制而成的金属骨架材料，主要用来搭建吊顶和隔墙的支架。轻钢龙骨防潮、防火，钢质坚硬，抗冲击能力强，安装简单、方便、省时，因而较受业主青睐。但轻钢龙骨也有缺点，它不适于用来做特殊造型，只适合直线和简单的直角造型。

 选购技巧

1. 检查表面的镀锌工艺

轻钢龙骨一般都要做防生锈处理，表面会镀一层锌，因此业主购买时要仔细检

查轻钢龙骨表面的镀锌层，主要查看镀锌是否完整，是否有起皮脱落等问题。质量好的轻钢龙骨镀锌后，表面一般呈雪花状，花纹清晰。依据相关标准，对于双面镀锌的轻钢龙骨，优等品的镀锌量不小于120g/m²，且要求表面没有腐蚀、损伤、黑斑、麻点；一等品的镀锌量不小于100g/m²；合格品的镀锌量不小于80g/m²，一等品和合格品要求表面没有严重的腐蚀、损伤、黑斑和麻点，每米轻钢龙骨上的黑斑不超过3处，且面积不超过1cm²。另外还要注意查看轻钢龙骨表面是否平整，是否笔直无变形，有无破损和瑕疵，切口有无毛刺。

2. 轻钢龙骨类型选择

轻钢龙骨根据吊顶和墙体的不同而有诸多型号。吊顶的轻钢龙骨有主龙骨和次龙骨之分，次龙骨主要配合主龙骨使用。主龙骨的型号又分为D38、D50和D60三个系列。间距为900～1200mm的不上人吊顶可使用D38系列；间距为900～1200mm的上人吊顶可使用D50系列；间距在1500mm以上的上人加重吊顶可使用D60系列。用于一般家庭装修的轻钢龙骨选用D50即可。隔断的轻钢龙骨包括横龙骨、竖龙骨及横撑龙骨，主要规格有Q50、Q75和Q100三种。

3. 轻钢龙骨断面形状的选择

选购轻钢龙骨时除了要注意型号，还应选好断面形状。断面形状主要分为四类：V形、C形、T形和L形。V形龙骨主要用于吊顶主龙骨支架，C形龙骨用于隔断的承重龙骨，T形龙骨和L形龙骨主要用于不上人吊顶，T形为主龙骨，L形为边龙骨。

4. 轻钢龙骨厚度的选择

优质的轻钢龙骨外型平整笔直，棱角清晰，切口处无毛刺和变形，表面无破损、凹凸不平等问题。选购轻钢龙骨时要注意查看产品的规格、长度、厚度等信息，尤其要注意厚度，轻钢龙骨的厚度一般不应低于1mm，最薄不能低于0.6mm，因为龙骨太薄会降低支架的承重力和稳定性，存在安全隐患。

特别提醒

（1）在安装轻钢龙骨时，如果主龙骨上要承挂重件，则要增加横向的次龙骨，以增加主龙骨的承重力。重量超过3kg的灯饰和吊扇等不可以直接安装在吊顶龙骨上，而是要在顶棚上安装专门的支架，以防发生坠落危险。

（2）验收轻钢龙骨的安装作业时，要检查吊杆顶部是否固定牢靠，是否有松动现象；吊顶内使用的所有零配件（包括龙骨）是否都是镀锌产品；主龙骨的接口位置是否增设吊杆；吊杆与主龙骨端部的距离有没有超出300mm。靠近墙边的龙骨如果与墙面距离超过300mm，则需要再增加一根龙骨。总之，在验收时要注意所有细节，不留安全隐患。

集成吊顶——六大问题要到位

购买档案

关键词：集成吊顶，普通吊顶，铝扣板，辅材，主机，电器，设计，质保

重要性指数：★★★★★

选购要点：电器、扣板、辅材、设计、安装、售后"六大要素"都达标

所谓集成吊顶，就是将吊顶与电器组合在一起，将取暖、照明、换气模块化，用户可根据自身需要调整电器的安装位置和使用数量。比起普通吊顶，集成吊顶具有安装简单、布置灵活、维修方便等诸多优点，成为卫生间、厨房吊顶的主流。从外观上看，集成吊顶也更加美观和整齐，不会出现电器突出吊顶的凌乱场面。更重要的是，集成吊顶是成套组装，比普通吊顶更实惠，后期维护也更方便。

基于诸多优势，集成吊顶在短短几年间风靡全国，并迅速上升为与瓷砖、洁具并驾齐驱的家装材料主力品类，成为时尚家装的必选。

厨房、卫生间因为经常处于油腻、潮湿的环境之中，对吊顶的要求非常严格。但是，很多人在购买时只注重样式、花色，忽视了安全问题，以至于给日后的生活造成困扰。所以大家在选购集成吊顶前，要好好学习一下相关知识。

 选购技巧

1. 检查面板的材质

面板在整个集成吊顶中所占的面积最大，其质量的优劣对日后的使用影响巨大。现在的集成吊顶一般选用铝扣板，铝扣板的质量有高低之分，劣质铝扣板多采用回收的垃圾铝材，质量不好，还会产生辐射。

衡量铝扣板的质量可以看三个方面：

（1）看表面和断面。优质铝扣板表面覆膜光泽好，无裂纹，断面无发黑、发灰、发绿和其他杂质。

（2）看厚度和重量。铝扣板不是越厚越好，太厚的扣板大部分是由回收铝或土杂铝制成的，因为含有杂质，提纯度不达标，所以达不到轻薄的程度。而真正的铝钛、铝镁、铝锰合金板材都是比较轻的。

（3）看吸磁力。为了辨别铝扣板是否有杂质，大家在选择扣板时可以用磁铁试一试，真铝材是不吸磁的。

2. 挑辅材

辅材包括吊顶的主体框架和根基，主要包括三角龙骨、主龙骨、吊杆、吊件

等。铝扣板吊顶最好选择坚固耐用的镀锌轻钢龙骨。镀锌的作用是防潮，因此，镀锌工艺的好坏直接影响其防潮性。品质较好的镀锌轻钢龙骨表面呈清晰的雪花状，且手感较硬、缝隙较小。不具备以上特点的轻钢龙骨就不是好龙骨。

除了龙骨，其他辅件也要选用由优质钢材制作，并且涂刷抗腐蚀涂层的产品。

3. 选择原厂原配的产品

购买集成吊顶时，要确保其面板和辅材都是原厂原配的。原厂原配的三角龙骨、边角线、吊件上都有品牌钢印，其边角线保护膜上也会有品牌商标。

4. 看主机和电器

集成吊顶的主要功能区都是由主机控制的，所以要认真选择主机，要看它是否通过了"3C"认证。另外，选购时要现场试一试，听听声音是否正常。

很多吊顶厂家只生产吊顶，电器后配。所以，有的集成吊顶质量没问题，但电器却存在安全隐患。消费者在购买时最好选择品牌电器，切勿贪图便宜。

5. 看组合设计

如果没有专业人士为你设计布局，那么吊顶的各功能块的布局则很难达到理想境界。因此在购买集成吊顶时，业主必须把平面图交给商家，让其帮忙设计布局。然后业主再对照设计图，看看照明、取暖、换气位置是否合理，是否与整个房间的装修风格协调，最终确定吊顶的布局。

6. 看安装和售后服务

吊顶是否好用，安装技术起一半的作用。所以，业主在厂家来人安装吊顶时，一定要仔细监工。监工时主要看电器安装是否安全，看扣板、边角线接缝是否紧密，看吊顶与墙砖的连接处有无翘边等。

此外，集成吊顶的售后服务也很重要。建议大家不要购买质保条件不好的品牌，免得以后出现问题，找不到解决途径。

综上所述，只有电器、扣板、辅材、设计、安装、售后这六大要素都达标，才算合格的集成吊顶，六者缺一不可。

（1）厨卫吊顶要注意"三防"，即防水、防潮和防火，在材料的选择上，不提倡采用木龙骨。

（2）尽量不用铝塑板。铝塑板和铝扣板只有一字之差，但是在实用性能上却大不相同。在安装铝塑板的过程中，一般要采用木工板撑底，如果防潮处理没做好，后果将不堪设想。

（3）厨卫吊顶在施工过程中要把握好分寸，固定件钻孔时，不要钻得太深，以免破坏墙壁原有的防水能力，否则后患无穷。钻孔深度保持在3~4cm为宜。

铝扣板——吊顶的最佳材料，猫腻也多

购买档案

关键词：掺铁，工艺，辅料陷阱

重要性指数：★★★★★

选购要点：严防掺铁，厚度合理，工艺到位，品牌产品，提前谈好辅料价格

目前市面上出售的集成吊顶板通常是铝扣板，按照材质不同，又分为铝钛合金、铝镁合金、铝锰合金和普通铝合金等类型，其中铝镁合金最常用。

市面上的铝扣板价格高低不等，差异很大，明眼人一看就知道其中有猫腻。在此专门介绍一下鉴定铝扣板的方法。

 选购技巧

1. 选品牌产品

铝扣板是半成品，需要经过专业的安装才能使用。选择信誉好的品牌产品，既能保证产品的质量，又能保证健全的售前售后服务。

2. 看厚度

许多消费者都存在选购误区，认为铝扣板越厚越好，其实不然，铝扣板达到0.6mm即可。有的商家吹嘘自己的扣板厚度达到0.8mm，则说明扣板有技术缺陷。例如，采用不纯的铝材做铝扣板，板子无法均匀拉薄，只能往厚里做。另外，还有一种情况也要注意，即铝扣板没有达到规定的厚度，厂家在扣板表面多喷了一层涂料使厚度达标。

判断铝扣板厚度最直接的方法是看产品的规格说明，合格的产品会在说明书上注明长度、厚度等信息。此外，也可以通过肉眼和手感判断铝扣板的厚度。

3. 看材质

铝扣板一般是铝合金产品，原因是纯铝无法满足铝扣板吊顶所需要的性能，如韧性、强度、刚度、抗氧化性等。

目前常见的铝扣板中，铝镁合金抗氧化能力好，铝锰合金的强度和刚度好，铝钛合金扣板不仅具备前两者的优点，而且还具有抗酸碱性强的特点。至于普通铝合金材料，由于其中镁、锰的含量较少，强度、刚度以及抗氧化能力均比较弱。综合考虑价格和材质条件，铝钛合金和铝镁合金的综合性能更优，是厨房、卫生间吊顶的最佳材料。

无论何种合金的铝扣板都不应该含有铁元素，除非是小厂家生产的劣质板材。要验证铝扣板中是否掺杂了铁，可以使用磁铁吸一下，能吸磁的必然是品质差的铝

材或假铝材。不过这种方法并非万全之策，因为不法商家可以通过消磁的方法消除这种特征，所以还是要从"正厂正品"这个源头保证产品的质量。

4. 看韧性和强度

铝扣板的弹性和韧性是铝扣板质量优劣的另一个重要指标。大家可以用两个方法检验：

方法一，选取一块样板，用手把它折弯。劣质铝材很容易被折弯且不会恢复至原来的形状，质地好的铝材被折弯之后会有一定程度的反弹。

方法二，手拿扣板一角，然后稍用力上下左右晃动几次，看看扣板是否变形。没变形的，一般能达到日后家庭使用的要求。

5. 看表面工艺

根据制作工艺的不同，铝扣板吊顶又可分为覆膜板、拉丝板、阳极氧化板、纳米板等。无论采用哪种处理方式，铝扣板的表面都应该平整光洁，没有斑点、划痕等。如果是品牌产品，板边上应该有该品牌的钢印。

选购覆膜板时，可以用手揭一下铝扣板边缘的覆膜，能揭下来的肯定是胶黏的，不能购买。

需要特别指出的是，大家切不可迷信进口膜而多花冤枉钱。因为铝扣板一旦安装后很少去动，所谓进口膜和国产膜的差别根本看不出来。

6. 看扣板底漆

底漆的作用是保护扣板不会被厨房或卫生间产生的水汽腐蚀。优质铝扣板的底漆应该喷涂均匀，用肉眼仔细观察板底时，不会发现因喷涂不均匀所造成的银灰色小点。

（1）吊顶的安装要与电器的安装相互配合，因此，吊顶与电器的安装最好安排在同一天。

（2）提防辅料陷阱。铝扣板安装中辅料用量比较大，如果之前没有和商家谈好辅料的价格，则在实际安装时，辅料可能会比铝扣板还贵。由于铝扣板往往需要和其他产品配合安装，因此很多业主会在安装铝扣板那天约好相关产品的安装人员到场。如果到那个时候才发现在辅料上被商家蒙骗了，也只能吃这个哑巴亏了。

一般来说，铝扣板的安装及辅料费用不应该超过铝扣板本身价格的30%～40%。大家在购买铝扣板时，不但要和商家谈好铝扣板多少钱一平方米，还要谈妥安装费、龙骨、边角线等的价格，并且在商家上门测量之前不要交可能退不回的定金。

纸面石膏板——用途颇多的传统板材

购买档案

关键词：纸面破损度，黏牢度，弹性，弯曲度，分量，外观平滑

重要性指数：★★★★

选购要点：纸面黏合度要好，外观无瑕疵，弹性好，弯曲度小，尺寸合格

石膏板是以建筑石膏为主要原料制成的一种材料，按材料不同，分为普通纸面石膏板、纤维石膏板和石膏装饰板，其中纸面石膏板（就是石膏板表面贴一层牛皮纸保护层）在家庭装修中最常用。石膏板主要用于吊顶和隔断墙，也可用于电视墙造型、墙体覆面板（代替墙面抹灰层）、吸声板、地面基层板和各种装饰板等。

石膏板的优点是价格便宜、重量轻、加工方便，隔声、绝热和防火等性能较好，缺点则是耐潮性差，拆除安装在其上的电器设备如油烟机或者浴霸时比较麻烦。

作为吊顶材料，石膏板最便宜，但是因为不能做局部吊顶（这样会让房间整体显得压抑），再加上防潮性差、不易修理等缺陷，目前石膏板吊顶已经较少见了，通常只用于客厅。现在厨卫吊顶一般都用耐潮的铝扣板，石膏板虽然也有防水的，但防水性能毕竟不如铝扣板。

尽管使用量在减少，但石膏板依然是家装中的常用家庭装修材料，作为消费者，我们选购时要学会鉴别。

 选购技巧

1. 看纸面是否有破损，是否黏度不强

有经验的人都知道，挑选石膏板应特别注意其纸面，一般纸面在哪儿有破损，石膏板就容易从哪儿开裂。而优质的石膏板表面的纸由于经过特殊处理，非常坚韧，不会有破损。另外，石膏芯板和表面的纸面的黏合度要强，纸面附着不强的石膏板同样也容易破损。大家在选购纸面石膏板时，可以试着揭开这个纸面感觉一下。

2. 目测外观

由于石膏板一般是直接在其上做乳胶漆等饰面，所以其表面的平整度、光滑度非常重要。挑选的时候，大家可以将石膏板拿到光亮处，在0.5m远处对板材正面进行目测检查。先看表面，优质石膏板的表面应平整、光滑，不能有气孔、污痕、裂纹、缺角、色彩不均和图案不完整等缺陷。同时，纸面石膏板上下两层牛皮纸要粘贴结实，这样可预防石膏板开裂，防止打螺钉时将石膏板打裂。再看侧面，看石膏质地是否密实，有没有空鼓现象，越密实的石膏板越耐用。

3. 检查石膏板的质地、弹性以及分量

首先，用手敲击石膏板，如果发出很实的声音则说明石膏板严实耐用，如果发出空洞的声音则说明板内有空鼓现象且质地不好。

其次，可以将石膏板两端抬起来，观察中间的弯曲度，好的石膏板弯曲度不会太大。还可以抖一下石膏板的两端，没有断裂的才是合格的产品。

最后，再用手掂一下分量，太轻的则质量不好。

4. 看尺寸是否统一

铺在同一平面上的板材，其尺寸、平面度和直角偏离度应统一，如果偏差过大，则在拼接板材时，拼缝会不整齐，严重影响装饰效果。

5. 看标志

正规产品的包装箱上应有产品的名称、商标、质量等级、制造厂名、生产日期以及防潮、小心轻放和产品标记等标志。购买时应重点查看质量等级标志，装饰石膏板的质量等级是根据尺寸允许偏差、平面度和直角偏离度划分的，等级越高，偏差越小。

木线条——材质对应是首选

购买档案

关键词：符合标准，材质，检查表面，选好尺寸

重要性指数：★★★★

选购要点：材质对应，仔细检查表面，防止以次充好，检验产品合格证等资料

木线条是一种起修饰作用的装修材料，可作镶边线、柱角线、顶棚线、踢脚线、角线、腰线、封边线、半圆线等，用来修饰顶棚、墙面、地板、门窗等部分，起封边和收口作用。木线条在室内空间装饰中发挥着"起、转、迎、合、分"等作用，它可以缓和两个分体间的突兀，固定连接，增加空间流畅性。

木线条在制作时要选用材质硬朗、细腻的木材，并进行烘干处理，然后打磨成木线装饰材料。因为木线条的质量与装修效果息息相关，所以要避免劣质的木线条，以防发生翘起、黏合不牢、接缝不严密等问题。

选购技巧

1. 木材选择

木线条材质较多，常见的有硬杂木线、水曲柳木线、樟木线、榉木线、核桃木线和柚木线等。在购买木线条时，并非档次越高越好，而应综合考虑面板材质、档

次、颜色、质感等因素，尽量选择与之相适应的木线条，只有这样才能发挥好木线条的装饰作用。例如水曲柳面板就要压水曲柳木线条，黄白颜色的面板可以选用白木或椴木的木线条，偏深红色的面板可以选用红榉木木线条等。除此以外，木线条应力求统一，不可过于复杂，否则会显得杂乱无章，破坏整体效果。

2. 尺寸选择

市面上的木线条宽窄、薄厚不一，在选购木线条时，薄厚要与应用材料相适应；宽窄则要符合审美要求。业主可提前与木工或者装修人员沟通，确定好木线条的尺寸，以便购买时能迅速、准确地锁定目标。另外，购买木线条还要注意季节差别。夏季要避开雨天，可选择雨后一两天购买；冬天则要注意宽度，应比实际要求略宽，因为冬天室内干燥，水分易蒸发，木线条会产生缩水现象。

3. 表面选择

优质木线条的直观判断标准是表面光滑、无劈裂、笔直无弯曲，所以在购买木线条时，首先要看整根木线条是否笔直无扭曲，表面做工是否光滑无坑，毛刺多少，材质是否细腻没有裂痕，木线条厚度是否均匀，不均匀的木线条会影响接缝的贴合。其次还要看木线条有无疤结、腐烂和虫眼等。

根据上漆与否，木线条又分为上漆木线条和未上漆木线条两种。未上漆木线条可以按上述步骤判断和选择，而上漆木线条因正面被漆覆盖，此时就要观察背面，检查有无虫眼、疤痕等，包括材质辨别。另外，上漆的正面也要检查，包括漆面的光洁度，漆色是否均匀，有无色差和变色等。

4. 质量标准

首先要购买具有合格证、检验报告和标签的正规产品，购买时可让商家提供。其次还要看木线条的含水率和甲醛释放量两个重要指标。木线条使用前的含水率不应低于7%，也不应高于当地人造板的使用前含水率，一般含水率应为11%～12%；甲醛释放量则不应超过限量值1.5mg/L。

5. 防止以次充好

装修有清油和混油之分，木线条也有清油和混油两类。清油木线条对材质要求较高，市面上常见的有黑胡桃、沙比利、红樱桃、榉木等，价格相对较高。混油木线条对材质要求相对较低，市面上常见的有椴木、杨木、白木、松木等，价格也相对便宜。

特别提醒

（1）施工时木线条最好用胶贴固定，如果需要钉装，要用元钉或者枪钉，定在木线条的凹槽位。木线条拼接可选用直拼法和角拼法，木线条间的对口位置要放在视平线以外，尽量放置在不显眼处。

（2）木线条贴完之后，要检查木线条安装得是否牢固，接缝处有无凹凸不平和缝隙，如果有则要仔细找出问题，然后加固并修正。

石膏线——浮雕花纹藏玄机

关键词：全方位观察，听声响，看标志

重要性指数：★★★★

选购要点：看好外观做工，用手感受弹性，避免价格陷阱

石膏线是由石膏做成的装饰线条，它花纹美观、装饰性强，是一种常用的室内装饰材料。石膏线有诸多优点，首先，它的可塑性强，可以用来雕刻各种花纹和图案，制作各种浮雕造型，以提升空间美感和艺术感。其次，它的"隐蔽性"强，石膏线能与实体基料完美自然地融合。最后，它的防火、防潮、保温、隔音等功能强。综上优点，石膏线颇受广大装修业主的青睐。

 选购技巧

1. 查看材料标志

购买石膏线时，要注意查看以下产品包装信息：质量认证标志、产品名称、质量等级、制造商、生产日期、出厂日期、商标以及小心轻放、防潮等标记。

2. 通过观察辨别质量好坏

（1）看石膏线的花纹做工。石膏线的制作模具有硅胶模和钢模两种，硅胶模较常用，钢模则做工更精细，价格也更高。在购买石膏线时，要注意观察石膏线的花纹做工，选择整体光滑无毛边、线条清晰流畅、表面光亮整洁，方便再次刷漆的石膏线。观察方法是把石膏线对着光亮处，透光检查是否存在夹杂气孔，有无污痕或裂纹、上色不均匀、花纹图案不完整等问题。劣质的石膏线通常材质发暗、缺少光泽，线条较模糊、有毛刺。

（2）看石膏线的花纹雕刻深浅。为了更好地发挥石膏线的装饰作用，展现它的美感，其表面通常会雕刻一些花纹，而花纹雕刻的深浅度很有讲究。雕刻过浅则花纹不明显，刷漆以后很可能完全看不见。一般而言，为了更好地体现它的立体感，石膏线花纹的雕刻深度应不少于10mm。

（3）看石膏线的横切面（断面）。石膏线是由石膏和数层纤维网组成的，附着于石膏之上的纤维网能够增加石膏强度，通常情况下，我们可以通过观察纤维网的层数和材质来判断石膏线的质量。纤维网层数越多，表明石膏线质量越好，而劣质石膏线的纤维网层数很少，有的干脆用草、布代替，很容易产生破损和断裂问题。另外，我们还可以从断面检查石膏线有无空鼓问题，越密实的石膏线越耐用。

（4）看石膏线的厚度。石膏线是一种气密性凝胶材料，厚度足够才能保证其在

使用期限内结实、安全。如果厚度不达标，不但会缩短石膏线的寿命，还存在安全隐患。

3. 敲击听声响

用手敲击石膏线，通过发出的声音可以辨别石膏线的优劣。敲击时，如果石膏线发出的声响清脆，犹如陶瓷声，说明石膏线质量较好；劣质石膏线发出的声音通常比较沉闷。敲击的时候，还可以感觉石膏线发声是空是实，发空则表明石膏线内有空鼓现象；声音较实则说明质量密实。

4. 不要被低价诱惑

在市面上，有一些生产商在制造石膏线时使用的是添加了增白剂的劣质石膏粉，这种质量不过关的石膏线被贴上合格标签后投入市场，价格往往比正品石膏线便宜三分之一甚至一半。在此提醒广大业主，千万不要受低廉的价格诱惑而上当受骗，这种低廉价格的石膏线在投入使用后常出现泛黄、断裂等各种问题。

特别提醒

（1）如果石膏线出现破损需要修复，可以将高品质石膏粉与石膏线专用粘贴胶水混合，搅拌均匀后用铲刀将其糊在破损处。注意，要按照石膏线原有花纹走向糊满，待石膏稍硬后，用水洗刷即可。如果觉得不好掌握和操作，也可以找专业人员修补。

（2）石膏线的颜色可补可换，如果使用中出现颜色脱落问题或者想更换颜色，可以重新填充涂料。

第3章 瓷砖、地板和石材部分

釉面砖——装修中的主力

购买档案

关键词：普通釉面砖，通体釉面砖，吸水率，釉面厚度，瓷化度
重要性指数：★★★★★
选购要点：釉面质量要好，吸水率要低，无色差，平整度好

　　釉面砖由釉面和底胚两部分组成，砖的表面经过烧釉处理，胎体则有陶土和瓷土两种，陶土烧制出来的背面呈砖红色，瓷土烧制的背面呈灰白色。

　　在所有瓷砖种类中，釉面砖最便宜，使用最为广泛，适用于室内装修的各种场所，以墙面最佳，厨房和卫生间的墙面砖通常都是釉面砖。釉面砖的优点是色彩图案丰富，防滑，可以做到很小，例如马赛克瓷砖。釉面砖的缺点也很明显，由于其表面是釉料，耐磨性要差一些。

　　鉴于釉面砖的高使用率，因此，大家掌握其选购方法很重要。

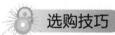 选购技巧

1. 看断口，分清普通釉面砖和通体釉面砖

　　釉面砖分为普通釉面砖和通体釉面砖两种，两种砖都是由釉面和底胚组成的，但是普通釉面砖的底胚和釉面颜色不同，釉面要是磨花了，就会露出里胚，影响美观；通体釉面砖的底胚颜色和釉面颜色比较接近，不怕磨花、磨破。

　　通体釉面砖比普通釉面砖贵一些，如果想省钱，家里不必全部使用通体釉面砖，但是在经常活动的场所，例如客厅，还是应该考虑购买通体釉面砖，免得时间一长露出里胎，拉低装修档次。

　　购买瓷砖时，可以让商家拿块样砖从中间敲碎，看看横断口的颜色是否一致、均匀。只有颜色一致的才是通体釉面砖，否则就是普通釉面砖。

2. 看断口和吸水性，防止以通体釉面砖假冒通体砖

　　需要注意的是，通体釉面砖和通体砖是不一样的。通体釉面砖是由胎体和釉面两种不同的物质组成的，只是其底胚和表面釉层的颜色接近。而通体砖则是由一种物质组成的。通体砖的价格比通体釉面砖贵，因此，要防止不良商人以通体釉面砖冒充通体砖。

　　辨别通体釉面砖和通体砖的方法有三种：①看一下瓷砖的侧边或者断面，如果

瓷砖的表面和底胚的材质不一致，则说明这种砖就是通体釉面砖。②分别倒一些水在砖体的表面和底面，如果表面的水不能渗进砖体，而胚底可以渗入，则说明这种砖为通体釉面砖。③用记号笔分别在砖的表面和底部写字，如果表面的字迹能擦掉，而背面不能擦掉，则说明这种砖是通体釉面砖。

釉面砖由釉面和底胚两部分组成

3. 看釉面质量

釉面砖的质量主要由釉面的质量来决定。优质瓷砖的釉面均匀、平整、光洁，色彩亮丽、一致，次品的表面则会存在颗粒突出、粗糙、颜色深浅不一、厚薄不均等缺陷。另外，釉面砖分光泽釉和亚光釉，光泽釉应晶莹亮泽，亚光釉则应柔和、舒适。如果釉面看着不舒服，则这种砖则不是上品。

4. 看釉面厚度和底胚瓷化程度

釉面砖的釉面越厚，砖底瓷化度越高，质量越好。釉面的厚度可以从砖的侧面看到。底胚的瓷化程度可以从砖的背面来判断。用手轻轻敲打砖体，瓷砖发出的声音越清脆悦耳，说明瓷化程度越好，质量越优。也可以看底胚的颜色，底胚的颜色越接近泥土的颜色，说明砖的品质越差。

5. 试水，看吸水率

吸水率是鉴别釉面砖优劣的一个重要指标，如果吸水率高，则说明其烧制温度低，砖体密度低，砖的强度自然也低。

吸水率过高的砖存在以下两个缺点：①液体容易渗入砖体，甚至在贴砖的时候，水泥的脏水能从砖体背面吸入并且进入釉面；②吸水率过高，釉面和胚体之间容易开裂；③由于吸水率高的釉面砖的底胚烧制温度低，因此，釉面和胚体对温度和湿度的反应不一致，使用一段时间后，砖的边脚处就会开裂、脱落。

我们在选购瓷砖时，无法用专业工具测试瓷砖的吸水率，只能测试瓷砖是否渗水。让瓷砖底面朝上，往底面不断地浇水，看看是否有水从下面渗出来，渗水的瓷砖一定不能用。

6. 检查砖的平整度

将两块砖叠放起来，如果二者能够完全重合，并且贴合度好，说明砖的质量不错。否则就是劣质砖，应果断弃之。因为瓷砖的平整度直接关系到铺设效果，瓷砖若是翘曲不平，贴砖师傅的技术再好也没用。

7. 看有无色差

将同一种色号的砖多拿几块出来，排在光线充足的地方，观察它们之间是否有色差。如果肉眼能够看出色差，那么这种砖肯定不能要，将来贴在房间里颜色也是花的。

8. 用残片互划，检查瓷砖的硬度和韧性

将瓷砖的残片棱角互相划，查看碎片断痕处留下的是划痕还是散落的粉末。如果只留下划痕，表示砖体致密、脆硬、质量好。如果留下粉末，则说明砖体疏松、软、质量较差。这个方法同样适用于鉴定抛光砖、玻化砖等其他瓷砖。

抛光砖——坚硬耐磨，防污性能差

购买档案

关键词：玻化度，耐污性，硬度，韧性，尺寸

重要性指数：★★★★

选购要点：表面光洁度好，耐污度好，玻化度要高，硬度和韧性要好，正品

抛光砖是将通体坯体的表面经过打磨而成的一种光亮的砖种，属于通体砖的一种。通体砖是由岩石碎屑经过高压压制而成的。因为通体砖的表面不上釉，而且正面和反面的材质和色泽一致，因此得名。

抛光砖的优点极多：比普通通体砖的表面更光洁，吸水率更低，耐磨性、耐腐蚀性都很好；硬度可与天然石材相比，但放射性元素几乎没有，抗弯曲性很高；基本可控制同批产品花色一致、无色差；砖体薄、重量轻；防滑，抛光砖虽然表面光洁鲜亮，但是防滑性能与亚光砖是一样的。如果砖上有水则会更涩，有土则会更光滑，但只要做好日常清洁就不会影响其防滑效果。

同时，在运用渗花技术的基础上，抛光砖可以做出各种仿石、仿木效果。以上种种优点，让抛光砖成为现代陶瓷行业中的主流产品，被称为地砖之王。

然而，抛光砖有一个致命的缺点：易脏。这是由抛光砖上表面的凹凸气孔会藏污纳垢所致，甚至茶水倒在抛光砖上都会留下擦不掉的痕迹。业界也意识到了这点，一些质量好的抛光砖在出厂时会加一层防污层，装修界也有在施工前打水蜡以防藏污的做法。

由于抛光砖不耐脏，因此抛光砖不适用于洗手间、厨房装修，其他房间可以使用。许多家庭选用仿木纹或仿石纹的抛光砖装饰阳台墙面。

抛光砖防污技术走在前端的是意大利、西班牙等欧美国家，国内只有少数一线品牌有这种防污技术。所以防污处理技术是优质抛光砖的必备条件之一。

 选购技巧

1. 看砖的色泽和光洁度

从一箱中抽出四五块砖，摆放在光亮处，查看其有无色差、变形、缺棱少角等缺陷。同时查验砖的边沿是否修直，查看砖的背面即底胚是否洁净。

2. 看底胚上有无标志

大厂的产品会在砖底印上厂家的商标和铺贴箭头。

3. 轻击砖体听声音

声音越清脆，则玻化度越高，质量越好。

4. 滴液体检查耐污性

将墨水等有色液体滴于瓷砖正面，静放一分钟后用湿布擦拭。如果砖的表面留下痕迹，则表示其耐污性不好。反之，如果砖面仍光亮如镜，则表示瓷砖不吸污、易清洁，砖质上佳。

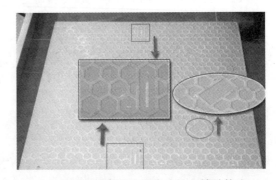

大厂瓷砖的底部都会印有商标和铺贴箭头

5. 量瓷砖尺寸是否一致

随意抽出几块瓷砖，用卷尺测量每块瓷砖的周边尺寸是否一致，精确度高者为上品，铺贴后的效果也会很好。所有抛光砖（包括下面要讲到的玻化砖）的边长偏差≤1mm为宜，对角线偏差最好为：500mm×500mm的产品≤1.5mm，600mm×600mm的产品≤2mm，800mm×800mm的产品≤2.2mm，超出这个标准的就属于次品。

6. 用残片互划，检查瓷砖的硬度和韧性

参见上一节。

7. 试铺、试脚感

在同一型号且同一色号范围内随机抽取不同包装箱中的产品若干，并在地上试铺，站在3m之外仔细观察，检查产品色差是否明显，砖与砖之间的缝隙是否平直，倒角是否均匀。

8. 试滑

在砖上行走，看防滑度。注意，试滑时不要加水。玻化砖与抛光砖一样，都是越加水会越涩脚。

玻化砖——最硬的瓷砖

购买档案

关键词：耐磨，商标标志，尺寸，试铺，防滑，外观

重要性指数：★★★★

选购要点：选购正品，表面没有缺陷，瓷化度高，尺寸精确

玻化砖是为了解决抛光砖的易脏缺点而出现的，是瓷质抛光砖的俗称。由于其烧制材料中含有较高比例的石英砂（制作玻璃的主要原料），因此其表面看上去像覆了一层玻璃般亮铮铮的。

市场上所说的玻化砖基本都可归于抛光砖，两者的区别是吸水率不同——吸水率低于0.5%的抛光砖称为玻化砖。从理论上说，现在比较流行的全抛釉、仿古砖、微晶石砖也都属于抛光砖，但是没有人这么提，所以，从购买的角度说，玻化砖就是抛光砖。

比起抛光砖，玻化砖不存在抛光气孔的问题，且质地更硬更耐磨，不易划伤。同时，它的价格比釉面砖、抛光砖都高。

玻化砖主要是地面砖，一般运用在大厅或者客厅里，尺寸相对较大，常用规格是400mm×400mm，500mm×500mm，600mm×600mm，800mm×800mm，900mm×900mm，1000mm×1000mm。

 选购技巧

作为抛光砖的一种，抛光砖的选购要点都适用于玻化砖，详情参见上一节。同时，还要注意玻化砖的瓷化度、耐脏性和防滑性。

微晶石砖——堪比天然石材的人造砖

购买档案

关键词：昂贵，重，通体砖，复合砖，镜面，触感，尺寸
重要性指数：★★★★
选购要点：镜面效果要好，平整度、瓷化度、防滑性等要好

微晶石砖由天然有机材料粉粒经高温玻化而成，属于高档消费品，其价格堪比天然石材或者实木地板。严格来说，微晶石砖也是抛光砖，只是市场上不这样提，而是将微晶石砖、抛光砖和釉面砖并列为三大砖类。

微晶石砖价格比肩天然石材是有原因的，因为它具有天然石材不可比拟的优点。它的辐射性远低于天然石材，表面吸水率几乎为零，抗污力超强。同时，它还具有色调均匀一致、纹理清晰雅致、耐酸碱、抗变形等诸多优点。

有的家庭不喜欢在公共空间铺实木地板，但又追求档次和环保性，那么微晶石砖则是不错的选择。不过大家要注意，微晶石砖非常重，建筑质量不好的房屋要慎铺。

选购技巧

1.看底胚，分清通体砖还是复合砖

微晶石砖有通体砖和复合砖之分，通体微晶石砖坯体全瓷，而复合微晶石砖则是将微晶玻璃复合在陶瓷玻化砖的表面。通体微晶石砖要比复合微晶石砖贵很多，有些导购员或者商家会把复合微晶石砖当通体微晶石砖出售。由于微晶石砖还没有普及，许多消费者难免上当受骗。分辨通体砖和复合砖的方法很简单，购买的时候只需看一下表面和胚体的颜色即可，如果底胚与砖面的颜色完全一致，就是通体砖，否则就是复合砖。

2.看砖的镜面效果、花纹以及触感

微晶石砖之所以能够成为抛光砖中的贵族，关键在于其具有聚晶玻璃镜面层和立体感很强的花纹。完美的微晶石砖能达到100%反射成像的效果，光亮度可以和镜子媲美，特别是深色的微晶石砖，镜面效果更加明显。

此外，好的微晶石瓷砖，其表面纹理自然逼真，用手触摸起来会有玉石的温润感，不像其他抛光砖一样生硬冰冷。

3.看尺寸，比价格

微晶石砖的尺寸越大越贵，原因在于尺寸越大的瓷砖平整度、翘曲度越不好把握，制作工艺越复杂。大家在选购时要酌情考虑这一点，以规划资金投入。

4.其他

此外，前面几种砖的选购窍门都可以运用在微晶石砖上。

防滑砖——摩擦系数是关键

购买档案

关键词：摩擦系数，防滑性，防水性

重要性指数：★★★★

选购要点：查看防滑系数，感受摩擦程度，测试防水性

防滑砖并非瓷砖的一个独立种类，而是防滑地板和墙面瓷砖的总称，常见的防滑砖种类有釉面砖、通体砖、抛光砖、玻化砖和高仿砖。防滑砖的摩擦力通常强于普通瓷砖，所以它主要用于厨房、卫生间墙面或地面等易湿易滑的地方，以防不慎摔倒。防滑砖的主要功能是防滑，因而在选购时要注重其防滑性，避开无防滑或防滑能力较差的防滑砖。

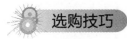 **选购技巧**

1. 看瓷砖的摩擦系数

防滑砖的防滑性主要体现在摩擦力上，而衡量摩擦力的一个重要指标就是摩擦系数。按照国际标准，地砖的摩擦系数分五个等级，0.34以下为极度危险，防滑性最差；0.35~0.39为非常危险；0.4~0.49为危险；0.5以上为安全，防滑性基本达到标准；0.6以上为非常安全，防滑性最好。我们在选购瓷砖时，摩擦系数至少要在0.5以上。另外，根据我国相关标准，瓷砖出厂时必须标明防滑系数并提供测试方法。

2. 亲身感受防滑性

为了确保防滑砖的防滑性，光看摩擦系数还不够，还必须亲自测试一下它的摩擦力。瓷砖的防滑功能主要是通过瓷砖表面凹凸不平的纹理实现的，因而我们可以通过用手触摸瓷砖表面花纹的粗糙程度来判断其摩擦力的大小，表面花纹越粗糙发涩，表明其防滑性能越好。这里需要注意的是，我们所说的瓷砖表面的粗糙感主要针对花纹而言，而非指瓷砖本身粗糙，有毛孔毛刺，这种瓷砖其实毫无防滑力且易脏易污，质量较差。其次，除了用手触摸，我们还可以用脚感觉瓷砖摩擦力的大小。具体方法是将瓷砖平铺在地上，然后把脚放在瓷砖上前后搓动，就可以感受到瓷砖的摩擦力如何。最后，对于要在厨卫铺设的地砖，因其对摩擦性的要求更高，测试时可以在瓷砖上洒上水，然后再按照上述方法体验，看是否打滑。另外，在进行上述防滑测试时，要首先查看瓷砖是否被商家打了蜡，因为打蜡会增加瓷砖的防滑性，但这是一种虚假的防滑性，测试时要先去蜡。

3. 测试瓷砖的防水性

铺设在厨房的瓷砖，除了要具有良好的防滑性，还要有一定的防水性。购买瓷砖时，在瓷砖的背面滴上几滴水，静置几分钟，然后就可判断瓷砖对水的吸收和扩散能力了。吸水少或不吸水的瓷砖防水性更好。

4. 检查瓷砖的基本特性

选择防滑砖时，除了要检查其防滑、防水能力外，还要检查其平整度、颜色、硬度等。首先，看平整度。只有平整的瓷砖才能铺出平整的地面。判断瓷砖平整度时主要是观察瓷砖直不直，是否有翘曲，具体方法是把瓷砖放在平滑的地面上，或者将两块瓷砖叠放，看是否可以无缝贴合在一起。其次，看颜色。主要是看颜色是否均匀无色差，带有花纹图案的瓷砖，花纹是否清晰自然。这里要注意的是，在购买瓷砖时最好一次买足，因为二次购买时可能因为出厂批次不同而出现色差。最后，听声音。敲击防滑砖，听声音质感是否清脆，清脆则表明瓷砖质量好。如果厂家有瓷砖残片，还可以用硬物划一下残片表面，看是否有划痕或有粉末脱落，如果无划痕或者只有划痕而未出现粉末则表明瓷砖质地坚硬，否则则说明质量较差。

马赛克——色差、尺寸要细选

购买档案

关键词：颜色，规格尺寸，表面和硬度

重要性指数：★★★★

选购要点：看包装，看颜色，测量尺寸，看表面和硬度

马赛克是一种通过镶嵌和拼接来装饰空间的小型装饰材料，它的外形多为小巧的正方块，颜色种类众多，材质主要有玻璃、陶瓷、石材和金属等，规格一般为20mm×20mm、25mm×25mm、30mm×30mm，厚度在4mm左右。马赛克小巧玲珑的外形特点决定了它和普通瓷砖的不同，它主要适用于弧面和转角等面积较小的地方，通过拼图或者颜色组合来点缀空间、调节氛围。

 选购技巧

1. 查看产品包装

在购买马赛克时，可通过查看内、外包装来判断是否是正规产品。正规产品的外包装上通常会标明以下信息：商标、规格、生产日期和生产商等；内包装则码放整齐，并做了防潮处理。非正规产品则在内外包装上都有欠缺。

2. 观察颜色

马赛克是一种主要通过颜色拼接来装饰空间的装饰材料，它的色彩种类非常多，因而在挑选马赛克时，务必保证同种颜色的马赛克没有色差，否则会影响拼接图案的整体效果。另外，对于带有花纹装饰的马赛克，花纹面积不能小于整个面积的20%，且分布要均匀；而对于带有衔接性纹理图案的马赛克，纹理要清晰，无错位或断线，以保证衔接的连贯性。

3. 测量规格尺寸

马赛克是一种小型装饰材料，每块仅有2～3cm²大小，镶嵌或者拼接一个空间或者图案往往需要大量马赛克。为了保证线条整齐，装饰效果完美，业主在选购马赛克时务必保证其规格和尺寸都达到标准；避免因为马赛克尺寸不标准或者贴歪而做返工处理。那么在选购过程中，是否要对所需的大量马赛克的尺寸逐一测量呢？不可能也没必要，业主完全可以采取随机抽样的方法检测，从包装中随机抽取几块，查看其尺寸是否标准、大小是否一致、边线是否整齐无毛刺、是否有缺角。

4. 查看表面和硬度

为了获得更好的装饰效果，陶瓷马赛克的表面往往要涂上一层釉来增加色彩亮度，因而在辨别陶瓷马赛克的质量时，除了检查尺寸，还要注意查看釉面，主要包括釉面是否光滑平整、上色是否均匀；另外也要听声音，听两块马赛克撞击时的声

音如何。如果陶瓷马赛克色彩鲜亮、表面光滑平整、上色均匀，撞击时声音清脆，则表明质量不错，反之则说明质量不够好。另外对于单片的玻璃马赛克，还要翻过来检查背面是否有锯齿状或阶梯状的条纹，这些条纹可以增强铺贴时的牢固性。具体查看方法是把玻璃马赛克对光举起，透光检查马赛克的晶透感，看其是否有污点、瑕疵和孔洞等缺陷。

特别提醒

（1）拼贴马赛克时，全程都要高度严谨、细致，要使马赛克之间所留缝隙在水平和垂直方向上保持一致，一丁点的错位和缝隙都会很明显，影响整体效果。

（2）铺贴玻璃马赛克时，要首先在背后铺一层背纸，然后涂刷黏合剂，再把马赛克贴在黏合剂上。注意，黏合剂的涂刷厚度和马赛克厚度相当，且在涂刷时不要刮坏背纸。

（3）装修中常用的马赛克材质有玻璃、陶瓷和大理石，三种材质各有长短。玻璃马赛克晶莹剔透，装饰起来光彩华丽，而且耐酸碱、耐腐蚀、防水，重量较轻；但其耐磨性差，不适用于地面的铺设，较适合富丽堂皇的装修风格；釉面陶瓷马赛克因为经济实用，是家装中最常用的一种，墙面、地面都可适用，它的优点是防水、防潮、耐磨；缺点是色彩不如玻璃材质华丽，且对陶瓷和釉面要求较高，不容易鉴别。大理石马赛克属于天然石材，优点是安全环保，材质坚硬耐磨，但其防水性差，耐酸碱性也欠佳。鉴于上述三种材质的优缺点，业主可根据自家家装风格和需求自由选择。

实木地板——地板中的贵族

购买档案

关键词：地域气候，树种，油漆，尺寸，收藏误区

重要性指数：★★★★★

选购要点：质检合格，材质与环境匹配，油漆环保，尺寸精度高，无色差，硬度合格

实木地板，顾名思义，是用天然木材加工而成的地板。实木地板是地板界的贵族，价格居高，但是更环保、脚感舒适，同时，其装饰效果也是其他地面材料无法比拟的。

然而，实木地板有两个显著的缺点阻碍了它的使用：①耐磨度较低。在其上拖动硬物或者穿着硬底的鞋在其上走动，都会使其磨损；②保养频繁。为保持实木地板表面的漆面光滑，每隔3个月左右就需要打一次蜡；③容易变形。像所有木材一样，实木地板容易受环境温度和湿度的影响而变形，冬天地板之间因为收缩会产生

缝隙，夏天地板因为膨胀容易起鼓。

鉴于以上原因，大家一定要根据自己的实际情况来决定是否选购实木地板，不要花钱买罪受。

 选购技巧

1. 要有正确的选购理念

（1）气候偏干燥地区的房屋以及高层房屋，应该选择木质细密、耐干缩性能好的实木地板，比如柞木地板，以免气候过于干燥而导致地板开裂变形。相反，湿润多雨地区以及低楼层的住户应该选择耐潮湿的实木地板，如柚木、海棠木、铁苏木、黄胆木等。

（2）选择常用的树种，慎选那些不常用的树种。那些不常用的树种，因其不常用，所以其耐变形度无法掌握，铺装后变形的可能性较大。

（3）选择质检合格的实木地板，这样的产品在质量方面更有保障。

（4）不要被商家的"收藏"说法所迷惑。随着地球上木材资源的日益减少，实木地板的价格必然逐渐上升，而且数量会越来越少。许多商家由此炒作"收藏"概念，忽悠买家购买更加昂贵的实木地板。这时候，大家千万要把持住，地板是用的而不是用来炒作的，就算你装的是紫檀地板，总不可能有朝一日撬起来拍卖吧？

2. 选购时的注意要点

（1）看价格。低于当前市场价格的产品值得怀疑。

（2）看是否标注了树种学名。按照国家有关规定，实木地板销售时必须标注俗称、学名和规格，如应标注"红铁木豆"，而不是只标俗称"红檀"。地板的等级也要注明，因为相同材质的地板因为木材纹理、色差、颜色、虫蛀、裂痕等不同，其等级是不一样的，价格自然也不同。如果实木地板不按规定标注木材学名和等级，基本可以判断它是杂牌或小品牌产品，购买时要小心。

（3）看色差。色差是实木地板的自然特性，它的存在是难以避免的。如果经销商告诉你他们的产品没有色差、没有疤结，那你就要注意它是不是假货了。事实上，正是色差、天然的纹理、富有变化的肌理结构，才更加印证了实木地板的自然特点。

（4）看花纹和颜色。优质的实木地板应有自然的色调，清晰的木纹，材质肉眼可见。如果地板表面颜色深重，漆层较厚，则可能是为掩饰地板的表面缺陷而有意为之，这样的地板尽量不要购买。地板如果是六面封漆，尤其需要注意。

（5）选择合适的含水率。由于全国各地所处地理位置不同，当地的平衡含水率各不相同。大家在购买时应先向专业销售人员咨询，以便购买到含水率与当地的平衡含水率相均衡的地板。

可以取两块地板互相敲打，判断其含水率。如果声音清脆，则说明含水率低；如果声音发闷，则说明含水率高，不宜购买。

（6）看硬度。用手指划一下地板表面，如果印痕深就说明木质太软，质量不太好。

（7）试铺，看加工精度是否合格。无论选购何种地板，都要在购买时进行现场试铺，方法如下：将10块地板在平地上拼装，用手摸、用眼看其表面是否平整、光滑，看榫槽配合、抗变形槽等拼装是否严丝合缝。优质地板做工精密，尺寸准确，边角平整，拼装后不会高低不平。有的地板由于加工尺寸不精确，拼接后有的缝隙大，有的缝隙窄，非常难看，而且日后也容易变形，不宜选购。

此外，还应该看一下地板的槽口尺寸是否达标。国家标准规定，实木复合地板槽口尺寸要达到3.5～4mm，实木地板变形槽深度要达到地板厚度的1/3以上。

（8）看油漆质量。挑选地板要观察其表面漆膜是否均匀、丰满、光洁，无漏漆、鼓泡、孔眼。油漆分UV、PU两种，一般来说，PU漆优于UV漆，因为UV漆会出现脱漆起壳现象。同时，PU漆面色彩真实，纹理清晰，如有破损也易于修复。由于PU漆干燥时间和加工周期都比较长，所以它的价格会比UV漆地板的价格稍高些。购买前应向销售人员询问地板的油漆类型。

3.计算使用量

由于木地板是装修投资的大头，所以购买前要尽量精确地计算使用量。许多业主会直接以居室面积去购买地板，这是错误的，因为地板有一定的损耗率。如果第一次买少了，再补货时可能会出现颜色差异。

复合木地板的损耗率一般不应大于5%，实木地板的损耗率要高一些，有5%~8%。

地板的使用量计算如下：

房间地面面积+房间地面面积×5%=地板面积（其中5%为损耗量）

如：房间实际面积为20m²，则需要20m²+20m²×5%=21m²的地板。再以地板面积÷单块木板的面积=木板的块数。

注意，此计算方法适用于所有木地板。

（1）选购地板时板块宜短不宜长，宜窄不宜宽，尺寸越小抗变形能力越强。

（2）非标准尺寸是不错的选择。地板的尺寸规格有国家标准，但是，有的地板因为材料的问题，会做得比标准小一点儿。并非按照国家标准生产的地板质量就更好，只要每块地板的大小一致即可。从省钱的角度看，这些非标准地板往往更便宜。而且地板的尺寸越小，抗变形能力越强，铺起来也比宽地板要好看。所以，如果遇到质量不错的非标准地板，大家不妨考虑一下。

（3）实木地板的安装质量极为重要，因此在施工时，业主要注意监工。关于地板安装问题，详见本系列丛书的另两本。

实木复合地板——最具性价比的地板

购买档案

关键词：三层，多层，厚度，木材的质量，防水性，耐磨度，静音效果

重要性指数：★★★★★

选购要点：平整度、紧密度、防水性、耐磨度、环保要达标，静音效果要好，三层优于多层

实木复合地板，就是内部用天然木材黏结，表面贴一层名贵实木而制成的地板。实木复合地板是从实木地板家族中衍生出来的，可以算作新型实木地板，价格却更加便宜，是实木地板的换代产品。

实木复合地板有三层和多层之分。三层实木复合地板用三层天然实木纵横交错黏结而成，首层是3~5mm厚的名贵实木，中层和底层是速生的廉价木材。多层实木复合地板是用很多层薄薄的天然木材黏结而成的，表层是0.6mm（新产品也有1.2mm的）厚的名贵天然实木皮。可以看出，多层的实木复合地板表面贴的名贵实木比三层的要薄得多，但多层地板的抗变形能力要强于三层地板。

与实木地板相比，复合实木地板具有明显的优势：

首先，由于其表面经过了特殊的耐磨油漆处理，所以，实木复合地板不但继承了实木地板典雅自然、脚感舒适、保温性能好的特点，还克服了实木地板的诸多缺点，更加耐磨、防虫、不助燃，非常好打理，抗变形能力也远好于实木地板。

其次，由于其表层是名贵实木制作的，在使用几年以后可以和实木地板一样做表层打磨翻新，只要把表层的油漆磨掉就可以了，之后还可以刷不同颜色的油漆从而改变地板的颜色。

同时，实木复合地板也有不如实木地板之处。实木复合地板因为用胶水黏合，环保性比实木地板要差，但好于其他地板产品。其中，三层实木地板由于用胶量较少，所以比多层的环保性更好。

如果你喜欢实木的脚感，预算又不多，实木复合地板是不错的选择，尤其是三层实木复合地板。

 选购技巧

1. 看清楚是三层板还是多层板

目前国内的三层复合实木地板比多层的贵一些，所以，大家在购买时要看清楚层数。特别是多层实木复合地板，一般由七层或者九层组成，购买时需要仔细查看地板的层数。查看时看侧面即可，三层地板由面板、芯板、底板组成，而多层地板

则以多层胶合板胶合而成。

2. 检查各层木材的质量

实木复合地板由表面珍贵实木层和其下的廉价实木层组成，在购买时要注意检查这两部分材料的质量。

首先，观察表层木材的色泽、纹理是否清晰、流畅、和谐；板面是否有开裂、腐朽、夹皮、死节、虫眼等材质缺陷。值得一提的是，存在一定的色差、活节、纹理等是木材的天然属性，不必过于苛求，只要不太突兀即可。特别要注意，多层实木复合地板的表层实木不能太薄。

其次，检查表层以外的其他层的材料。最好拿一块地板从中间锯开观察，有些劣质仿冒复合地板中间夹的都是烂木渣，这样的地板不能买。

3. 检查包装辨真伪

购买地板以选择知名品牌为好，质量更有保证一些。当然，必要的检查也不可少。目前国家对木地板出台了生产质量标准和安全使用标准，只有达到这两个标准的地板才是健康安全的木地板。检查要点：地板的包装上的标志应印有生产厂名、厂址、联系电话、树种名称、等级、规格、数量、执行标准等，包装箱内应有检验合格证，包装应完好无破损。同时，索取质检报告，并查看质检报告是否真实，最好是近期的检验报告。

4. 试拼装，检查平整度、紧密度、防水性以及耐磨度

重点检查四点：

（1）测量实木复合地板槽口尺寸是否为国家标准规定的3.5～4mm。

（2）多拿几块实木复合地板在地面上进行拼装，看拼接是否平整，缝隙是否有大量光线透过，如果不平或透过光线较多，则表示地板拼接不够严密，不宜选购。

（3）检查防水性。在拼接好的地板上洒上半杯水，一分钟后擦拭浮水，查看拼接处有无渗水。

（4）看油漆质量。地板表面的油漆最好选择UV漆等耐磨的油漆，这一点可以通过产品介绍和询问销售人员加以验证。同时还要检查地板的六面封漆的防水性和防掉漆的情况。

5. 检查环保性

检查可以分两步。第一步，闻气味。将地板靠近闻一下，看是否有刺激性气味挥发。还可以将小块地板浸泡在水中，一段时间后闻一下是否有刺激性气味散发。如果有，说明甲醛含量高，不宜购买。第二步，查看环保证明书，看证明书上的各项目是否与所购地板相符。此外，如果有专业的检测工具，选购时不妨带上，从而更加专业准确地检查出地板的环保性能。

6. 检查静音效果

大家在购买地板时很少有人考虑地板的静音效果，结果装上后，一踩上去就吱吱响，让人心烦。要解决这个问题，需要大家多实地考察样本，并在购买时向销售

商提出静音问题和要求。

7. 选材要看空间和主人的情况

多层地板比三层地板的耐热性、抗变形能力强。但是，由于用胶比较多，多层地板的环保性要差于三层地板。所以，大家要根据自己家的具体情况选择合适的地板。

首先，如果非常在意污染问题，选择三层地板更好。

其次，实木复合地板适合卧室、客厅和书房使用，不适合厨房、卫生间等地方。一般来说，如果只铺卧室，可选择浅色的三层实木复合地板，如果整个房子都铺装，耐磨性和硬度较好的多层实木复合地板更合适。

再次，如果家里有小孩或老人，可以选择脚感更好的三层实木复合地板；如果主人日常没时间保养，表面有涂饰的多层实木复合地板更合适，因为其耐脏、耐磨损性能较好。

此外，如果家里安装地暖，并且决定装实木地板，应该选择耐热的多层实木复合地板。当然，装地暖最好不要用木地板，无论是实木地板还是复合地板，都有较大的膨胀系数，长期受热容易变形，其中的有害物质受热后更容易释放出来。

特别提醒

（1）不要盲目追求名贵木材。目前市场上销售的实木复合地板有数十种，不同树种的价格、性能、材质都有差异，消费者可以根据自己的经济实力、装修风格、个人喜好等情况进行购买，不必过于追求树种，毕竟那只是薄薄的一层。

（2）不必盲目追求面板厚度。三层实木复合地板的面板厚度以2～4mm为宜，多层实木复合地板的面板厚度以0.6～2.0mm为宜，不应过度追求面板厚度。

（3）实木复合地板的价格水分较大，尤其是三层复合地板。所以在购买时不妨多讲讲价，切不可图便宜购买三无产品。

强化复合地板——弱化其缺陷是选购重点

购买档案

关键词：原料廉价，不耐泡，品牌，耐磨

重要性指数：★★★★★

选购要点：买知名品牌的产品，耐磨性要好，尺寸精度要好，表面的花纹、上漆都
　　　　　无瑕疵

强化复合木地板是将原木粉碎，添加胶、防腐剂以及其他添加剂后，经高温高压压制处理而成的，其结构一般分为四层：表层为耐磨层，第二层为装饰层，第三层为人造板基材，第四层为底层。

由于强化地板所用的原料非常便宜，例如基材所用的原木都是杂木、边角废料、锯末等，装饰层只不过是经过处理的印刷纸，所以强化复合地板的价格很低，甚至不到实木复合地板的一半。

强化复合地板的最大优点是耐磨、花色多。最大的缺点则有两个，一是环保性低（大量用胶的缘故），对甲醛特别敏感的人，家里最好不使用强化木地板；二是非常怕被水泡，遇水会膨胀。

鉴于以上两个缺点，除非预算非常低，否则，不建议大家购买强化复合地板。如果购买复合地板，一定要仔细选择，尽量减少危害。

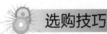 **选购技巧**

1. 不要买小品牌的产品，尽量弱化其缺陷

首先，小品牌的产品往往会省略强化复合地板生产中必要的环节——热压以后的缓慢冷却。这个环节可以让地板内部的应力消散，如果这个过程被省略了，地板就很容易变形，使用后会有啪啪的响声。

其次，强化复合木地板都或多或少有甲醛释放，但是，知名企业生产的名牌产品有质检部门的检测，环保性更有保障，出了问题也更容易维权。为了验证地板厂家是否正规，消费者可以拨打产品包装上所标注的电话号码进行核实，也可以通过地板商的服务内容和保障措施的落实情况来判断厂家是否正规。

2. 不要买表面很光亮的强化复合地板

这种地板价格虽然很便宜，但是它的表层清漆刷得特别厚，不防滑，而且看起来像塑料，没有质感。

3. 耐磨性越高越好

强化复合地板耐磨层的主要化学成分是三氧化二铝，因为是金属，所以造就了强化复合地板良好的耐磨性。合格的强化复合地板，其表面耐磨系数可以达到6000转以上，还有一些超耐磨的，即使在上面拖动重家具都不会对地板造成影响。

耐磨性是选择强化复合地板的重要指标，检验这一指标的最简单方法就是带块砂纸去买地板。选好地板后，请商家给你一个地板样块，用砂纸在其表面来回打磨50下，劣质产品的耐磨层很快就会被磨损，优质产品可能连一丝划痕都不会留下。你可以用同样的力度多试几块地板，优劣一目了然。

4. 看尺寸以及花色、精度

先观察地板榫槽部位的光滑程度、纤维的精细均匀程度，以此来辨别基材的好坏。

接着，从一包地板中随机抽出10块左右在地面上拼装，如果舌槽吻合，板之间无明显间隙，相邻板之间没有高度差，则说明地板的尺寸精度合格。

最后，再看地板表面的薄膜和花色，合格地板的表面花色应该均匀、颜色饱满，无明显色差。表面漆层应光滑、无气泡、无漏漆和孔隙。

强化复合地板不仅免费安装，还赠送踢脚线，千万不要让销售商在这里多收你的钱。金属扣条是要收费的。

竹地板——优点和缺点同样显著

购买档案

关键词：自然环保，容易变形，漆膜脱落

重要性指数：★★★★

选购要点：表面漆膜要牢固，竹板与基板胶合要牢固，平整度要好，竹子表面没有严重瑕疵

竹地板是我国特有的产品，一般表层为竹，呈现出竹子的外观，极具东方美感，下面以其他木材做基底。竹地板的优点是耐磨、防蛀、抗振，缺点是非常容易变形、开裂，特别是在北方干燥地区；竹子表面的漆膜容易脱落。这些缺点都是由竹子本身的特点所引起的。

竹地板不是主流产品，更多的是表现一种品味和环保的消费观，大家在选购时要充分考虑自己的居室环境。

 选购技巧

1. 试拼

将10块左右的竹地板拼接在一起，放在平整的地面上，观察吻合度和平整度。人最好站到拼好的地板上踩一下，感觉有没有翘曲或者吱吱的声音，如果有，则说明质量不太好。

2. 检查漆膜

拿一块地板到光亮下，仔细观察其表面的漆膜，看是否有气泡、起鼓等现象。最好用指甲抠一下漆膜，看其是否容易脱落。

竹地板表面的漆膜上得不好，会严重影响竹地板的质量，不但漆膜容易脱落，

还会让竹子表面暴露在空气中，从而因空气温度、湿度变化而开裂。

3. 检查板层间的黏合度

拿起一块竹地板，用力掰一下，使其弯曲，看竹层和木层之间会不会发生脱层开裂现象。如果有松动现象，则说明质量不太好。

4. 看表面

与选购实木地板一样，竹地板也要避免竹子层有虫眼、纹裂、腐斑、死结等缺陷。同时，不要过于苛求小细节和色差、纹理，因为那是这些材质的天然属性。

软木地板——位于地板金字塔尖的产品

购买档案

关键词：静音等诸多优点，花色单一、混乱，黏合度，密度

重要性指数：★★★★

选购要点：不同的种类要达到各自的标准，表面光滑度要好，选择合适的密度

软木地板是近几年才在国内出现的，表层由特殊树种的树皮（如橡树皮）精制而成，下面为其他木材基底。软木地板被称为"地板的金字塔尖消费"，故其价格昂贵。

软木地板的优点——环保，同时，它还具有普通实木地板不具备的优点——静音、保温、脚感柔软、吸震、防虫、防潮。这些优点让软木地板非常适用于卧室、会议室、图书馆、录音棚等场所。软木地板的缺点是其花色比较混乱而且较为单一，许多国人还不能接受这样的花纹。

选购技巧

1. 不同种类的软木地板选购要点不同

（1）纯软木地板：这种地板保持了软木的原始花纹，需要直接贴在平整的地面上使用。由于安装纯软木地板时要用到胶，所以要注意胶的环保性能，不然将造成极大的污染。

购买纯软木地板时，可以把它弯曲，质量好的软木韧性很好，而劣质产品会在弯曲时断裂。

（2）软木夹心地板：此种软木地板有三层结构，表层和底层是软木，中间一般为密度板等复合木材。这种地板的中间层带有锁扣，安装较为简单，和强化复合地板相似。

挑选软木夹心地板时要注意检查三层板材之间的结合是否牢固，避免使用一段时间后发生软木层脱落的现象。大家在选购软木夹心地板时，可以用力掰一下地板，查看各层间的胶合强度。

和选择普通锁扣地板一样，购买软木夹心地板时，也要试拼一下，检查其拼合后的平整性和吻合度。

（3）软木静音地板：这种地板是在强化复合地板的底层贴了一层软木，以达到静音的效果。挑选方法和强化复合地板相似。

2. 注意软木的密度和表面光滑度

软木地板的密度分三级，分别为400～450kg/m³，450～500kg/m³和大于500kg/m³。一般情况下，尽量选择密度小的，因为其具有更好的弹性、保温、吸声和吸震等性能。若室内有重物，则可选密度高的，因为其耐磨强度较高。

优质的软木地板，其表面光滑，无鼓凸颗粒，软木颗粒纯净。

锁扣式软木地板的正面和侧面

第4章　油漆涂料部分

墙面乳胶漆——一定用质量好的

购买档案

关键词：耐擦洗，覆盖力，VOC和甲醛含量

重要性指数：★★★★★

选购要点：环保，选购主流产品，擦涂效果过硬，不要被夸大的功能迷惑而多花
　　　　　钱，大小桶搭配着买

乳胶漆主要用于墙面，是家装中使用最多的水性漆，也是极易成为"健康杀手"的一种家装材料。

乳胶漆中的有害物质主要是挥发性有机化合物（VOC）和游离甲醛，两者都会刺激人的皮肤和眼睛，损害神经、造血等系统，严重危害人体健康，甲醛更是被国际癌症研究机构确定为可疑致癌物。

所以，选择乳胶漆除了关心其耐擦洗和覆盖力外，还要关注它的VOC和甲醛含量。

选购技巧

1. 并非越贵越好，要看成分

那些因覆盖力强而定高价的乳胶漆，不但不是更环保的产品，其有害物质反而更多。所以，大家不要只看价格，还要看有害物质，也就是VOC和甲醛的含量。家庭装修中，健康最重要，所以应以环保性为重。

2. 看具体的产品指标而不只看品牌

相同品牌的乳胶漆往往有很多系列产品，它们的各项指标不同，价格也有所不同。例如立邦漆就有美得丽系列、永得丽系列、五合一系列、二代五合一系列等，它们的环保指标各不相同，大家在选购时，应该仔细对比产品的各项环保指标，选择合适的产品。

3. 首选进口产品

由于乳胶漆制造有一定的技术含量，建议大家首选进口品牌产品。进口产品在环保和质量上有一定的优势，尤其是欧洲和北美的产品。

4. 建议购买在市场上销售了很长时间的主流产品

乳胶漆厂家更新产品种类很快，相比于旧产品，新品在质量上只有少量改进，

但价格却会高很多。而销售了很长时间的主流产品，质量通常已经经过市场的检验，而且由于已经挣回了销售利润，价格也比较低，更划算。

5. 尽量在家装材料超市或者可靠的团购活动中购买乳胶漆

大超市的产品背后往往是大商家，它们的调色设备比较先进，质量也有保证。小家装材料市场的店主往往是小老板或者个人，无论是产品质量还是调色都会让人不放心。

6. 不要迷信广告宣传的特殊性能

商品宣传时往往会强力突出某种性能，其实这些性能只是相对而言的，例如"耐擦洗"只是一种宣传用语，假如乳胶漆墙面脏了，除非你马上用布擦掉，否则时间长了，该产品再"耐擦洗"也很难擦干净了。

7. 闻气味

打开乳胶漆桶盖，将头靠近桶的上方，用眼睛感受一下，眼睛的刺激感越小，说明甲醛等有害物质含量越低，质量也就越好。接着再闻一下，如果味道是臭的，或者有刺激性气味和工业香精味，则它们都不是理想的选择。

8. 看胶体

用木棍搅拌一下乳胶漆后将漆挑起来，优质乳胶漆往下流时会成扇面形，轻轻摸一下，手感光滑、细腻。正品乳胶漆在放置一段时间后，其表面会形成很厚的有弹性的氧化膜，而次品则会形成一层很薄且易碎的膜。

9. 看擦涂效果

将少许乳胶漆刷到水泥墙上，正品的颜色光亮，涂层干后可以用湿抹布擦洗，即使擦一二百次也不会对涂层外观产生明显影响。低档产品擦十几次就会发生掉粉、露底等现象。

10. 大小桶搭配着买

乳胶漆一般有18L装和5L装两种规格，两者的产品质量相同，但相同重量的大桶装比小桶装便宜。商家往往给个人销售小桶装，给工程商家销售大桶装。个体消费者购买时要主动询问有没有大桶装，如果大桶、小桶装都能买到，尽量搭配着买——事先计算好乳胶漆用量，以大桶装为主，不足的量可以买小桶乳胶漆补足，这样既不会买多了，还可以省钱。

乳胶漆使用量的计算方法非常简单：

第一步，将家中每一处要刷漆的墙面面积相加，算出需要涂刷的面积。

第二步，乳胶漆桶上一般都写有建议涂刷面积，通过这个数据可以换算出每升乳胶漆的 理论涂刷面积。

第三步，需涂刷面积/每升乳胶漆的理论涂刷面积×需涂刷的遍数=所需乳胶漆的升数。乳胶漆刷墙一般要求一遍底漆两遍面漆。

因在施工过程中涂料会有一定的损耗，所以实际购买时应在以上计算的数量上留有余地。

 选择好乳胶漆的颜色以后，要记住色号。因为每个品牌都有成百上千种颜色，光黄色就有数十种。如果你家需要补漆却忘记色号，补的漆和原漆颜色就可能不一样。

腻子粉——比乳胶漆还重要

购买档案

关键词：出厂时间，掉粉，水溶性，延伸性

重要性指数：★★★★★

选购要点：购买正品，选购最新出厂的产品，选购附着力强的产品

在给墙面刷乳胶漆之前，通常需要对墙面进行找平等预处理，抹腻子是填充墙面孔隙和墙面找平的重要步骤之一。

墙面装修要显得高档，只用高档的乳胶漆是不行的。事实上，对于墙面涂装的最后效果，涂料的作用仅占三成，基层材料——腻子的作用能占到七成。抹腻子的作用就像女人化妆前打粉底，这层基础做好了，妆容才能持久、美观。腻子层如果处理得好，乳胶漆即使是中档的，也可以取得近似高档材料的效果。反之，如果用了劣质腻子粉，墙面很快就会出现起皮、开裂和脱落等现象，即使面层是高档材料，呈现出来的效果可能只有中档乃至以下。

 ## 选购技巧

1. 看包装，识别品牌产品

与乳胶漆一样，腻子粉也要选购大厂家的产品，最好去大的家装材料超市购买。检验产品是否是合格品首先要看包装。正规厂家生产的产品都要通过相关检测，包装上会有"达标"标志以及产品标准号，并且有检验报告。如果腻子粉的包装简陋，上面没有各种检测标志，则说明是小企业生产的产品，大家要慎选。

2. 看出厂日期

就算是合格产品，也要仔细查看产品的出厂日期和质量检测报告的发放日期。一般情况下，出厂超过一年的产品质量会下降很多，因此，不宜购买出厂时间太久的产品，更不要买过期产品。

3. 看样板

优质的腻子粉应该具有很强的附着力，这样才能保证日后不脱落。商家都会有

刷了腻子粉的样板，业主只要用手擦一擦、拉一拉，用水冲一下样板，即可判断腻子粉的优劣。具体方法为：

（1）用手指轻轻擦过样板表面，劣质腻子会掉粉，优质腻子则不会。

（2）将水淋在样板表面，然后用手轻轻摩擦。如果是优质腻子，即使用手反复摩擦，手上都是干干净净的，反之，劣质腻子很容易被擦掉。

（3）用水冲洗样板表面，劣质腻子样板很快会出现起泡、掉皮现象，优质腻子样板表面则不会有任何异常。

（4）稍用力向两边拉伸样板，劣质腻子很容易断裂，优质腻子则有一定的延伸性，就像橡胶一样，可以拉伸一段距离。

木器漆——水性漆优于聚酯漆

购买档案

关键词：油性漆，水性漆，甲醛，苯，回扣

重要性指数：★★★★★

选购要点：去大商场购买正品，不要全听油工的，仔细检查各项指标

现代多数家庭虽然都是买成品家具，但还是有一部分家具需要现场打造的，这就要用到木器漆（涂刷在家具板材、地板等表面的一类漆）。

木器漆有油性漆和水性漆之分。油性漆也叫聚酯漆，是以有机溶剂为介质的漆，硝基漆、聚氨酯漆、防锈漆等属于油性漆。油性漆中含有大量挥发性有机化合物和甲醛，还可能含有大量的苯类物质，毒性较大。有调查显示，在接触油漆的工人中，早老性痴呆病发病率以及再生障碍性贫血罹患率明显很高。

目前，油性漆正逐渐被水性漆所取代，在欧美等发达国家，水性漆的普及率达90%以上。

木器漆类水性漆与传统油性漆的最大区别在于，水性漆在使用时只需用水进行调和即可，不需要添加任何固化剂、稀释剂，因此不含甲醛、苯、二甲苯等有害物质，从而杜绝了产生空气污染的可能。

综上所述，大家在涂刷家具时，最好选择水性漆，如果条件允许，尽量选择高档的水性漆。即使选择油性漆，也要仔细比较，尽可能减少对人体的危害。

 选购技巧

1. 选购正品

由于油漆的真假很难用肉眼分辨，所以无论是购买油性漆还是水性漆，最好都

去正规场所购买品牌产品，并且要求商家提供产品的检验报告。

2. 选购水性漆时，提防买到假货

由于水性木器漆在市场上还是新产品，所以假冒伪劣产品很多，大家需要仔细鉴别。

前文说过，水性漆在使用时只要用水调和即可，如果不具备这个特点，那么就是假货。例如，有的"水性漆"在使用时必须加"硬化剂""漆膜剂"之类的含有大量有毒有害物质的溶剂，显然这种漆是假的。还有些产品居然都不能用水进行稀释，更是假得离谱。

在购买水性木器漆的时候，最好打开盖子闻一下，优质水性漆在打开盖子的时候几乎没有什么异味。

3. 购买油性漆的注意事项

（1）闻起来有特殊香味的油漆最好别买。这种香味可能来自无色且具有特殊芳香味的苯，苯有致癌的危害，素有"芳香杀手"之称。

（2）查看生产日期和保质期，从外包装上将劣质油漆别出去。选购油漆时应仔细查看包装，一来防止买到过期产品，二来检查包装的密封性。金属包装产品不应出现锈蚀，否则说明密封性不好或时间过长。此外，由于油性漆有一定的挥发性，大家可以靠近包装闻一下，如果有明显的气味，则说明产品密封不好，有泄漏现象。

（3）检查分量是否充足。将每罐漆都拿起来摇一摇，若摇起来有"哗哗"的声响，则表明分量不足或有所挥发。

（4）看内容物。购买油漆时一般不允许打开容器，但拆封使用前应仔细查看油漆内容物。首先，主漆表面不能出现硬皮现象，漆液要透明、色泽均匀、无杂质，并应具有良好的流动性；其次，固化剂应为水白或淡黄色透明液体，无分层、无凝结、清澈透明、无杂质；再次，稀释剂（学名"天那水"，俗称"香蕉水"）外观应清澈、透明、无杂质，稀释性良好。

（5）看施工效果。优质的油漆严格按要求配比后，应手感细腻、光泽均匀、色彩统一、黏度适中，具有良好的施工宽容度。

4. 不要带着油工开的单子去指定的商店拿货

你拿着油漆工开的单子去某家油漆店买完货后，油漆工随后就会去店里拿"回扣"，品牌油漆也不例外，可以说这是这一行业的潜规则。正确的做法是，业主事先把材料的种类、数量记在脑子里，购买时货比三家，选择你认为最满意的那一家。

5. 选择适合自己的水性漆

常见的水性漆有三种，按质量和价格由低到高依次如下：

第一种是以丙烯酸为主要成分，附着力好，但耐磨耐用性能差，是水性木器漆中的初级产品；

第二种是以丙烯酸与聚氨酯的合成物为主要成分，比丙烯酸水性漆的耐磨和耐化学性强，漆膜硬度好，其综合性能已经接近油漆；

第三种是聚氨酯水性木器漆，这种漆是水性漆中的极品，各方面性能都非常好，耐磨性能甚至超过了油漆，但目前以进口产品为主，价格较高。

硅藻泥——家装新生力军，真假混淆要分清

购买档案

关键词：无统一定价，真假混淆，具有吸附性和防火性

重要性指数：★★★★

选购要点：货比三家，选择信誉度高的大品牌，测量吸附性和防火性，看颜色

硅藻泥的主要成分为硅藻土，是一种由海底的海藻类植物形成的天然硅藻矿物质，具有除甲醛、除臭味、隔音保温、防火阻燃、净化空气、使用寿命长等特点。硅藻泥所具有的吸附能力强、健康环保等优点，使其一上市就受到广大业主的喜爱，成为家装材料市场的新生主力军。

凡事有利必然有弊，硅藻泥虽然有上述诸多优点，但也有其缺点。硅藻泥的色彩欠丰富，种类较少，且其表面粗糙，手感不佳，变脏后不易清理。除此以外，硅藻泥市场可谓鱼龙混杂，真假难辨，业主在选购时务必仔细甄别。硅藻泥的另一缺点是作为一种新生家装材料，它的价格较昂贵。

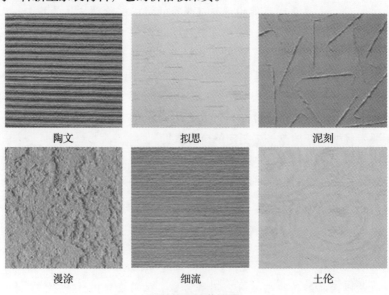

陶文	拟思	泥刻
漫涂	细流	土伦

不同效果硅藻泥图

选购技巧

1. 漫天要价无标准

硅藻泥这种新生家装材料刚被推向市场不久，因为它的市场还不够正规与完善，比如小生产商众多且大多自行定价，又或者因牟取暴利而漫天要价，导致硅藻泥售价混乱，没有统一标准；另外，这种零碎化的生产与销售也导致硅藻泥难以形成大的品牌。鉴于目前硅藻泥市场的混乱状况，业主在选购硅藻泥时更要格外留心，尽量选择形成一定品牌的硅藻泥产品，不要为了节省成本而盲目选择低价产品。通常情况下，硅藻泥的价格要比常规材料昂贵，业主如果遇到价格过于低廉的产品，就要提防是否是假冒伪劣的硅藻泥。

2. 质量真假混淆

由于目前硅藻泥市场秩序比较混乱，缺少相关专业知识的普通买家在选购时又难辨真假，这就要求业主在购买硅藻泥时一定要慎之又慎，结合本节所讲方法仔细挑选，认真鉴别，切勿买到假冒的硅藻泥，因为它们不但不健康环保，还常常含有有害物质，成为主要污染源。另外业主在购买硅藻泥时，要尽量去实体店购买并要求商家提供检测报告。尽量避免网购，因其难以当场辨别质量，缺乏保障，一旦发生争议又常常申诉无门。最后，业主在购买硅藻泥时要货比三家，综合比较产品质量、价格、服务等众多因素，选择一款性价比最高的产品。

3. 测试吸附性

硅藻泥的优点之一是具有超强的吸附功能，可以吸附空气中的水分、灰尘和有害物质，因而在购买硅藻泥时，我们可以通过测试其吸附性来辨别硅藻泥的质量。具体方法如下：准备一杯开水，把硅藻泥样品挡在杯口，然后查看样品对水蒸气的吸收能力。除此以外，我们还可以把硅藻泥样品放入能够密封的容器内（最方便的就是矿泉水瓶），再向里面吹入烟气，密封十分钟左右，打开瓶子闻一闻，就可以判断硅藻泥的吸附能力了。不过上述方法只能辨别硅藻泥质量的好坏，并不能判断产品的真假。

4. 测试防火性

硅藻泥具有防火阻燃的特性，通常可以耐受1000℃的高温，我们也可以凭此特性判断硅藻泥质量的好坏，具体方法是：用喷火枪或其他打火工具，烧一下硅藻泥样品，如果很难燃烧且无烧烤气味，则表明是合格的硅藻泥。

5. 看密度和颜色

正宗的硅藻泥重量较轻，如果手中的硅藻泥很重，则很有可能被掺入了石料等填充材料，硅藻的含量很少。此外，业主还可根据硅藻泥与水的调和比例来辨别硅藻泥的质量，合格的硅藻泥中，硅藻与水的调配比例是1∶1，因而水的比例越小，证明硅藻泥的含量越少。

另外，业主也可通过观颜色辨别硅藻泥的质量。硅藻泥是一种天然材料，一般为泥土颜色，也可加入颜料调色，但调出来的色彩比较柔和舒适，毫无刺目感，而且喷水后无反花现象；如果喷水后出现花色脱落现象，则表明此硅藻泥质量不佳，甚至可能是假冒产品。

特别提醒

（1）硅藻泥因为吸附性强，表面粗糙，长期吸收灰尘污染物等就会变色；而且它也极易被日常生活中不小心溅上的污渍、印上的手脚印等弄脏，因而我们要时常清理硅藻泥墙面。但是，需要注意的是，由于硅藻泥属泥质材料，清洗时切勿用水，可以用湿抹布慢慢擦拭。对于小面积的污迹，我们还可用橡皮擦擦拭；而对于大面积已经干透并被扩散的污渍，应重新粉刷涂料进行遮盖。

（2）硅藻泥造价昂贵，颜色也较单调，在此建议广大业主可在室内仅局部使用硅藻泥，例如电视背景墙、卧室的一面墙等地方，这样既可以调节整体布局，还可以吸收灰尘，清洁空气。

壁纸——比涂料有更多变化的装修材料

购买档案

关键词：基层材料，纯纸与覆膜壁纸，选购途径，选购方法，批次

重要性指数：★★★★★

选购要点：预定产品，选择省钱的购买途径，选购批号一致的产品，尽量选择高档产品

壁纸越来越成为家庭装修中的宠儿，这有赖于它众多的优点：防裂、耐擦洗、覆盖力强、颜色持久、不易损伤、易更换、装饰效果强。

就目前的情况来看，壁纸的缺点也很明显：零售价格高。因为壁纸的花色多，实际销售量小，成品库存成本大，所以，壁纸的成本虽然低于乳胶漆，但在零售情况下，壁纸单位面积的花费要高于乳胶漆，高级壁纸售价可以是高档乳胶漆的10倍以上。壁纸的总体环保性不如乳胶漆。

即便如此，壁纸依然以其多姿多彩的优势获得了越来越多的消费者，尤其是年轻消费者的青睐。

8 选购技巧

1. 讲究选购技巧，不过多浪费时间

壁纸的种类、花色都很多，所以选购时要注意方式方法，否则可能浪费了很多时间仍旧一头雾水。具体来说，选购壁纸要注意以下几点：

（1）先定价位和风格，再有针对性地去找。如果你所有风格、所有价位都看一遍，恐怕几天几夜都看不完。正确的做法是，事先确定自己的预算和想要的大致风格，然后让销售员有针对性地给你推荐。

（2）逐个房间地选。选壁纸时最有效的方法是先确定要装饰哪个房间，例如卧室或者客厅，然后有针对性地去挑选，看到合适的就用相机拍下来，最后把所有的待选方案放在一起，仔细选择。解决一个房间后，再以同样的方法去解决另一个房间。如果毫无目的地乱看，往往一天下来，把自己弄得头晕眼花，也没有任何收获。

（3）货比三家，不要妄想一次搞定。选壁纸很少有一次成功的，除非你的要求很低。所以去商场前要做好长期作战的准备，带好相机和纸笔，边看边拍边记录，或者干脆跟商家要一些样品。拍照、记录的好处还在于，在选择与壁纸相关的搭配材料时，可以拿出照片做直观对比。

2. 不必追求纯纸的，纸基乙烯膜壁纸更好

国内消费者对壁纸的选择有一个误区，即追求纯纸壁纸。事实上，纸基乙烯膜壁纸比纯纸壁纸更具优势。况且，国内市场上销售的大部分高档进口壁纸都是纸基乙烯膜壁纸，即在纸基上覆上一层非常薄的纸基乙烯膜。由于这层膜非常薄，以致于肉眼根本察觉不出来，很多商家宣称的纯纸壁纸其实就是这种纸基乙烯膜壁纸。

为什么说有一层纸基乙烯膜更好呢？首先，纯纸覆膜后，不但防水还耐擦洗。其次，纯纸壁纸很容易被撕破，覆膜的壁纸就结实多了，其强度比用来处理墙面裂缝的牛皮纸带还大。所以，贴纸基乙烯膜壁纸基本上不会有墙面裂纹的担忧。再次，纯纸壁纸上印刷的图案直接暴露在空气中，很容易氧化褪色，而覆膜的壁纸几乎可以历久弥新。总之，只要施工铺贴技术过关，乙烯膜壁纸用十年以上还是可以保持如新。

有人误以为纸基乙烯膜壁纸就是塑料壁纸，其实二者毫无关系。

3. 检查表面质量

优质的壁纸，其表面不会存在色差、褶皱和气泡等问题，壁纸的图案清晰，色彩均匀。可以裁一块壁纸小样，用湿布擦拭纸面，看看是否有脱色现象。

4. 试手感

用手摸一下壁纸，手感较好、薄厚一致、凹凸感强的产品是首选对象。

5. 检查环保性

闻一闻壁纸，无刺鼻气味的产品即为环保产品。

6.选择同一批次的壁纸

同一编号的壁纸，如果生产日期不同，颜色上便可能存在细微差异。这种差异在购买时难以察觉，贴上墙后却很明显。因此，大家在选购壁纸时，不但要看编号，还要买批号相同的，批号相同就说明是同一批次的产品。

7.选择更省钱的购买方式

（1）参加大规模的网络团购，由于这种团购销量大，商家自然愿意大幅度地降价。

（2）去以做工程为主的商家处购买，价格会低到超乎你的想象。

（3）尽早预定产品，这样既可以省钱又可以有更多的选择。所谓预定，就是到商家那里去看样品，让商家特地给你专门进货。如果买现货产品，可选择的范围就会小很多。

（4）买商家的清仓产品。商家在甩货的时候往往不考虑利润，如果幸运的话，消费者可以淘到中意的便宜货。

（5）到高档建材城里看壁纸样品，到建材城以外的壁纸店购买。高档建材城的品种齐全，能看到足够多的样品，但是这里的租金通常很高，壁纸价格自然也高，建材城以外的小店就会便宜得多。

特别提醒

（1）购买壁纸时，最好让商家到家中测量尺寸，并让商家的工作人员上门施工，同时，在购买合同中应该约定整卷未开封的壁纸可以退货。壁纸施工人员施工时，业主应该在现场监督，避免工人浪费壁纸。

（2）大家在选择贴壁纸用的胶时，建议选用以优质植物纤维为主要原料的专业壁纸胶粉（玉米胶、淀粉胶等），这种胶粉大部分从植物根茎（如马铃薯等）中提取，绿色环保，味道比较小。

液体壁纸——壁纸与涂料的统一体

购买档案

关键词：珠光，折光性，黏稠度，成膜速度，环保性

重要性指数：★★★★★

选购要点：产品要有独有的折光性和金属感，环保产品

"液体壁纸"也称壁纸漆，是集壁纸和乳胶漆特点于一身的环保水性涂料，有

的由丙烯酸乳液、钛白粉、颜料及其他助剂制成，有的是采用贝壳类表体经高温处理而成的。

液体壁纸优点很多，最突出的是颜色可调，色彩比普通壁纸和乳胶漆都丰富，如果不喜欢原来的液体壁纸了，涂刷涂料即可覆盖。普通壁纸二次施工揭除异常困难，而液体壁纸可直接涂刷在基层乳胶漆上，不需要像普通壁纸那样用胶粘贴，因而无毒、无污染。因为是水性涂料，液体壁纸具有良好的防潮、抗菌性能，不易生虫，不易老化，而且比普通壁纸耐擦洗。另外，液体壁纸的价格远低于普通壁纸。

液体壁纸的缺点也非常明显，如对墙面平整度要求高，施工时间和工序也比普通乳胶漆多。此外，如果房屋潮湿则可能导致壁纸开裂，如果有较深的划痕或碰伤，则修复起来很麻烦，墙面被污染后也很难清理等。

基于高价格等缺憾，液体壁纸目前在家装中只是小面积使用，例如电视背景墙、客厅沙发背景墙等局部墙面。但是，液体壁纸依然因其极佳的装饰性而受到消费者的欢迎。作为一种新型产品，大家如果有意于液体壁纸，有必要学会如何鉴别其优劣。

液体壁纸能够做出不同的效果

选购技巧

1. 看液体壁纸的颜色和折光效果

优质液体壁纸有一个很特别的地方，那就是它有珠光及金属折光效果，看起来有金属光泽，部分特殊种类还有幻彩效果，不同角度产生不同色彩，如从左侧看为红色，从右侧看则为紫色等。劣质的液体壁纸可能珠光及金属效果不明显，也可能只有折光效果却没有珠光效果，甚至可能连折光效果都没有。

此外，优质液体壁纸的色彩亮丽，图案生动，感官上会令人非常舒服。

2. 看液体壁纸的状态

优质液体壁纸搅拌均匀后，不会太稀，无杂质及微粒，漆质细腻柔滑。存放期间不会出现沉淀、凝絮、腐坏等现象。

3. 看液体壁纸的耐水、耐碱性

好的液体壁纸具有较好的防水、耐碱性能，涂好的液体壁纸墙面完全稳固后，使用湿布用力擦拭也不会有脱落现象，可以达到20年不变黄的效果。

4. 看环保性

优质液体壁纸的主要成分应当是环保的珠光原料（如女性用的高档口红、眼影、指甲油等产品的主要珠光原料），闻起来一定没有刺激性气味或油性气味。

5. 看模具

通俗一点说，液体壁纸就是采用一种环保水性涂料在墙上做图案。最简单的做图案方式是印花，有专用的丝网印花模具。有的图案一个模具就能做好，有的图案需要几个模具拼凑才能做好。印花需要先打底，打底相当于乳胶漆的功能，但不像乳胶漆那么单调，打底的底漆可以调出各类色彩，这样就保证了印花的效果。好的液体壁纸厂家的模具质量可靠，图案会相对丰富，施工质量也比较可靠。

第5章 门窗部分

防盗门——家庭安全的第一道防线，质量要过硬

购买档案

关键词：品牌，游击商，身份标记，锁点，钢板厚度

重要性指数：★★★★★

选购要点：买名牌产品，去正规市场购买，要有身份标记，重点看锁芯，做工要精致

作为居家安全的第一道防线，防盗门的重要性不言而喻。作为消费者，我们对门的要求无非有四点：质量、价格、款式、服务。所以，大家在选购时，应该将重点放在这四个方面。

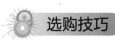 选购技巧

1. 尽量在知名品牌中选择

知名品牌往往代表着不错的口碑和售后服务，质量相对更有保障。有些大品牌还提供终身维修服务。现在网上都有"十大品牌"之类的排行榜，大家多比较价格，多看看买家的反馈，从中选到合适的产品。

2. 去正规市场购买防盗门

防盗门不同于一般的门，其销售必须得到公安局特行科批准，正规装饰材料市场一般都有相关证明。此外，正规市场也要求进驻商家提供销售防盗门的相关证明，这等于提供了双保险。所以，为防止上当，最好还是到正规的装饰材料市场购买。知名品牌通常都在正规市场中设有专卖店，价格基本不会有太大出入。

有一个简单的区分游击商和正规厂家的办法，就是看它的售后服务电话。如果其售后服务电话是手机号码，一般不太可靠。因为正规的厂家都有全国通用的固定服务电话。

判断防盗门的真假，最直观的办法就是看价格。合格的防盗门，价格都在千元以上。如果你看到"名牌"产品远低于市场价格，只要几百元或者远低于市场价格，必是伪劣产品。

3. 有"身份标记"

首先，合格的防盗门必须有法定检测机构出具的合格证，并有生产企业所在省级公安厅（局）安全技术防范部门发放的安全技术防范产品准产证。而且，防盗门

必须有"FAM"铭牌，一般在门的右上方。此外还应有企业名称、执行标准等内容。

其次，门上要有安全等级记号。按照国家标准，我国防盗门由高到低分为甲、乙、丙、丁四个安全级别，且规定厂家必须在防盗门内侧铰链上角、距地面高度160cm左右的显著地方，用中文代号（甲、乙、丙、丁）和平面圆标明其安全级别，中文代号是宋体凹印，位于平面圆中。如果没有这个标记，就不是真正的防盗门。

判断防盗门的等级还有一个办法，就是数门框与门扇间的锁闭点数，即门框与门扇的连接点。甲、

合格的防盗门内侧都有安全级别标志

乙、丙、丁四个级别的锁闭点数应分别不少于12个、10个、8个和6个。

防盗门的安全等级越高，价格也越贵。对于一般家庭来说，乙级和丙级防盗门就足够了，大家可以根据自身需求进行选择，不要盲目迷信等级。

4. 看钢板厚度和填充材质

目前防盗门的门板普遍采用不锈钢板，门扇内部有骨架和加强板以及填充物。国家标准规定，甲级防盗门门框架钢板厚度一般是依据合同约定，乙级为2mm，丙级为1.8mm，丁级为1.5mm，门扇前后面钢板厚度一般在0.8～1mm。

有一个小窍门可以鉴定防盗门的钢板厚度和填充物材质：拆下猫眼、门铃盒或锁把手等往里看，门体的钢板厚度和加强钢筋都可以一览无余，可以拿尺子大致量一下。

门扇板之间的填充物最好是石棉等具有防火、保温、隔音功能的材料，如果填充物是蜂窝纸或发泡纸之类的则坚决不能买。

5. 看门锁安装

合格的防盗专用锁，在锁具处应有3.0mm以上厚度的钢板进行保护。锁具合格的防盗门一般采用三点锁定，不仅门锁锁定，上下横杆都可插入锁定。劣质防盗门则不具备三点锁定或自选三点锁定结构。

6. 锁点多是幌子，重点是锁芯

锁是防盗门的一个重要环节，一定要选择多点锁的。但是并不是锁点越多越好，一般4个锁芯就足够了。有些商家吹嘘自己的锁有10个、20个锁点，其实这与4个锁点没有本质的区别。锁的重点在于锁芯。如果锁芯坏了，再多的锁点也没用。

按照国家相关标准，锁芯一般分为A级和B级两种，A级锁防破坏性开启时间不能少于15min，防技术性开启时间不能少于1min；B级锁防破坏性开启时间不能少于30min，防技术性开启时间不能少于5min。防盗门常用的是B级锁。

现在有一种超B级锁芯，这个级别不是国家标准而是企业标准。这种锁芯应用了轿车钥匙中的"蛇形槽"技术，技术无法开启或者技术开启时间超过270min。超B级锁芯也不一定完全防盗，但比A、B级要难开，市场价格也不太贵。如果觉得有必要，大家不妨换个锁芯。

7. 看工艺质量

注意看门板有无开焊、未焊、漏焊等缺陷；看表面油漆层是否均匀牢固、有无气泡、是否光滑；检查防盗门有无划痕，门边是否变形，门与框的密封是否严密；同时检查门和锁的开关是否灵活，开关时是否发出刺耳的金属撞击声。

8. 越重越好

级别相同的防盗门，重量越大、锁点越多、钢质骨架越密、锁具保护越多，质量相对越好。

（1）防盗门的价格和门的大小有关，应该由商家免费上门测量安装，并且有至少一年的免费保修期。

（2）一些企业为了降低成本、增大利润，根据各自制订的企业标准生产防盗门，其实这是在"打擦边球"。按企业标准生产的门不具备或只具备局部防破坏功能，大家选购时要特别注意，一定要选择按国家标准生产的防盗安全门。

实木门——种类不同，性价比不同

购买档案

关键词：全实木门，实木复合门，免漆门，模压门，油漆水平，陷阱
重要性指数：★★★★
选购要点：油漆水平要高，表面要平整，门要结实，切忌买名不符实的门

门是家装中必不可少的建材，其中木门是首选，不仅因为木门品种繁多、安全环保，更因为木门实用耐看。按材料不同，木门一般分为全实木门、实木复合门、模压门、免漆门和普通夹板门。

由于木门往往是成品，只能看到表面，看不到内部，所以选购木门需要一定的技巧。

(一) 全实木门——性价比不高

全实木门完全由实木加工而成，根据加工工艺不同，全实木门又分为原木门和指接木门。

原木门由整块天然实木制作，不同部位以榫连接，这种实木门表层不贴任何材料，芯材是什么纹理，表层就是什么纹理，"所见即所得"。

指接木门也叫集成材实木门，是将原木锯切成要求的规格尺寸和形状后拼接而成的实木门。指接木门比原木门价

指接木

格便宜很多，稳定性却优于原木门，圆了许多人的"实木门梦"。

实木门所选用的多是名贵木材，如樱桃木、胡桃木、柚木等，其优点非常明显：隔音、环保、耐腐蚀、无裂纹以及隔热保温。缺点也比较明显：如果实木脱水处理不到位，门体易变形、开裂，阻燃性也比较差。另外，全实木门成本高昂，和实木复合门相比，在外观上也没有明显的优势，性价比不太高。

(二) 实木复合门——性价比最高的实木门

实木复合门是市场上最常见的木门，也是商家最容易用来充当全实木门的木门。许多消费者去买门时，一上去就问有没有实木门，商家明知道消费者问的是全实木门，但并不挑明，而是直接报实木复合门的价。所以很多消费者一听商家推荐的"实木门"那么便宜，还以为捡到宝了，殊不知，商家已经偷换概念了。

实木复合门与全实木门的区别是，前者的门框是实木的，但门芯可以是各种材料（包括中密度板、刨花板、小实木块或者指接集成材木块）的，表层再热压一层实木皮。高级的实木复合门，其门芯多为优质白松，表面则为实木单板。

实木复合门的造型多样，款式丰富。高档的实木复合门不仅外观好看，还具有全实木门所具有的诸多优点，如环保、坚固耐用、保温、耐冲击、隔音，同时它的阻燃性比全实木门好，价格也低于全实木门，比全实木门更具性价比。有些消费者非全实木门不买，这是一种错误的消费观念。

当然，实木复合门也有缺点，那就是怕磕碰，怕水。

(三) 模压门——档次低，安全性低

模压门多数是用密度板在高温条件下经模具压制而成的，这种门可以做各种凹凸图案，但前提是要有相应的模子。

模压门有两种：实心的和空心的。实心门是将人造林的木材去皮、切片、筛

选、研磨成干纤维后，拌入酚醛胶和石蜡，在高温高压下一次模压成型，实际上就是一种带凹凸图案的高密度纤维板。因为模具有限，所以实心模压门的款式并不多。空心门则是由松木或杉木龙骨构成一个一个的框架，表面贴高密度木质纤维板作门板，龙骨框架之间是中空的。

模压门的原材料比较低档，所以其成本较低，价格也比较低。由于大部分模压门是空心的，所以门体很轻，也非常经不住磕碰，隔音效果也不如全实木门，并且不能受潮，环保性能差。如果大家不太在意档次，也不指望它保安全，购买这种门也未尝不可。

模压门

(四) 免漆门——PVC贴面的实木复合门

免漆门就是不需要再喷油漆的木门。目前市场上的免漆门绝大多数是指PVC贴面门，就是在复合实木门或模压门的表面运用真空吸塑技术加一层PVC贴面膜，也可能是在门板上贴一层仿造实木皮的木纹纸贴面。

免漆门的优点是：产品不用再喷油漆，可避免散发有毒气体；经济实惠，价格仅几百元，大品牌的免漆门也有千元以上的。缺点是湿度、温度和空气变化都会使其表面开裂变形，并且不易修复。

选购技巧

1. 款式及色彩要与整体装修协调

木门的颜色和造型是影响装修风格的主要因素之一，因此，木门的色彩和造型一定要与居室的整体装修和谐一致。一般来说，门的颜色要与家具、地面的色调相近，而与墙面的色彩产生反差，这样有利于营造出有空间层次感的氛围。木门木质的选择也应尽量与室内家具的木质相一致。

2. 看油漆质量

除了免漆门，所有的木门都需要在表面喷一层油漆。油漆的效果好坏直接决定木门的美观，同时，油漆效果也最能说明木门厂家的技术水平。因此，鉴定门的油漆工艺非常重要。

（1）看、摸漆膜的丰满程度。漆膜丰满说明油漆的质量好，对木材的封闭好，同时说明喷漆工序比较完善，不会有偷工减料的嫌疑。要鉴定这一条主要靠多看、多摸、多比较。

（2）看漆膜是否平整。从门的斜侧方观察漆膜，看是否有明显的橘皮现象，是否有突起的细小颗粒。如果橘皮现象比较明显，则说明漆膜烘烤工艺不过关；如果有比较明显的细小颗粒，则说明这家工厂的涂装设备比较简陋。

（3）花式造型门要看造型的线条的边缘，尤其是阴角（就是看得到却摸不到的角）的材料是否有异，有没有漆膜开裂的现象。

对于表面不是平面的实木复合门，如果要想将表面木皮贴得伏贴，需要真空异型覆膜机。没有这些设备的厂家就只好用实木线条代替，这样做的弊端是，外观上不大可能与其他部分的木皮纹理相同（木皮多为名贵木材）；更重要的是，实木线条在湿度变化巨大的地区，经膨胀、收缩后极易造成阴角的漆膜开裂，严重影响美观。

3. 问清楚油漆的种类

现在木门最常用的是PU漆（聚氨酯漆）。PU漆容易打磨，加工过程省时省力，缺点是漆膜软，轻微磕碰极易产生白影凹痕。如果在漆层中至少加一层PE漆（不饱和聚酯漆），就会大大降低这种可能。PE漆的漆膜硬，覆盖力强，透明度好，能更好地表现木皮纹理。但是由于它难于打磨，加工过程费时费力，绝大多数厂家不愿意采用PE涂层。而恰恰是这一点能表现厂家对待产品的态度。所以，大家在购买木门时，问一下油漆的种类。促销员培训一般不会涉及此方面，所以他们在这一点上不太会欺骗消费者。

4. 看门表面的平整度

对着光从侧面看木门表面是否平整，如果明显不平整，则说明板材比较廉价，环保性能也很难达标。

表面贴皮的复合门要看木皮是否起泡，如果有起泡现象，则说明木皮在贴附过程中受热不均，或者涂胶不均匀，属于工艺不到位。

5. 检查结构是否结实

木门是成品，我们无法查看它的内部结构，可以用一个简单的方法检查其结构的结实度：在展厅找一个安装好的门，拉住把手使劲关门，如果门上部和中部不能同时到达门框，门上部有细微的颤动，就说明门的结实度不好。这个差别较难观察到，需要多试几次，仔细观察。

6. 避免两大陷阱

陷阱一："以好充次"。

例如，消费者进店后报出自己的心理价位是700元左右，有经验的销售员往往会拿出更贵的千元以上的木门的横截面让消费者看，表示质量上乘，以此办法吸引消费者。消费者一看质量的确不错，立马下单，结果最后拿到手的还是700元的产品。

消费者的应对策略是，不要只看样板门，还要看一下实际的门。将实际买的门和样本门对照，正规商家的门四周和底部都是不上漆的，可以直观看到材质。如果门的四周包括底部已全部封漆，则往往是商家为了掩盖材质而故意为之的。

商家在一些价格低廉的实木复合木门的制作过程中为了偷工减料，会在木门靠近门锁和安装合叶的地方填充整块木料，其他地方却使用劣质木料。大家在购买复合门时可以感受一下样板门和实际要买的门的重量，如果填充物不一样，则很容易从重量上分辨出来。

陷阱二：用贴纸门冒充贴皮门。

木纹纸表面的纹理和真实的木纹纹理非常相似，但同样面积的木纹纸要比木皮便宜几百元，有些商家为了挣钱，会将贴纸木门说成是贴木皮木门，大家要仔细辨别。辨别方法是：仔细观察几扇同样的门，贴纸门的纹路会呈现一致性；而贴木皮门表面则会有疤结、斑点、黑线等现象，几扇门的纹路肯定不一致。

 **特别提醒**　如果自己做门套，一定要先量好门套尺寸，以防门买回来后装不上。

套装门——整体配合得完美才是好门

购买档案

关键词：一分价钱一分货，款式匹配，品牌产品，偷工减料

重要性指数：★★★★

选购要点：选择综合服务能力好的厂家的产品，防止偷工减料，整体搭配要和谐

要安装门，就必须要门套，门与门套合起来就是套装门。由于套装门安装简单、价格实惠，因此，多数家庭都会直接买套装门，少部分人会自己打门套。

门套由门框和门边线构成，门框固定在门洞的墙体上，门扇则固定在门框上面，门边线扣在门框上，起到美化和遮挡门框与墙体缝隙的作用。还有一种门套叫作垭口，就是没有门的门套，一般安装在过道门洞周围的墙体上。

 **选购技巧**

1. 防止门套偷工减料

消费者在选择木门的时候，往往会把注意力放在门上，而忽略了门套和门边线，这就给商家提供了造假的机会。

套装门

（1）防止没有进行基层板处理。门套的正规做法是，将木料制成框架后，表面要覆盖基层板和饰面板。但是，一些劣质门套不做基层板处理，直接在表面贴一层很薄的饰面板，这样的门套很难与墙体完全黏合。检验方法是，验收包门项目时，可以用手敲击门套侧面板，如果发出空鼓声，就说明底层没有垫细木工板等基层板材，应拆除重做。

（2）防止门套和门扇使用不一样的材质。

一些商贩在出售商品时号称使用的是实木边线，实际上用的是普通的木塑材料。普通的木塑材料和实木边线材料外观几乎差不多，但价格却相差甚远。在选购时，要问清商家门套、门边线是什么材质，让他们觉得你是内行。

2. 一分价钱一分货

套装门的技术含量并不高，竞争往往来自材料、人工、油漆方面。市场上的套装门价格悬殊，从几百元一套到数千元一套不等。如今销售市场已比较成熟了，暴利时代已过去了，所以，"一分钱一分货"在套装门的选购中最为贴切了。一般价格较高的套装门质量还是有保证的，价格低的就很难说了，消费者在经济条件许可的情况下最好选择价格高一点的。

大家选购套装门一定要认准国家认可的品牌，这样可以保证良好的售后服务。

3. 厂家的技术及售后能力

因为很多装修工序都是在套装门门套安装完成后才能进行的，所以在选择套装门时一定要对厂家的综合服务能力做好调查，包括技术和解决问题的能力，以免因为门而耽误装修进度，造成不必要的经济损失。

4. 看质量

要使套装门耐用不变形，必须选用经过严格烘干处理的材料，内部结构也要合理。选购时仔细观察套装门的外表，质量好的套装门使用的应是优质木材，其表面平整，结构牢固，外形美观，且选用环保胶和油漆，产品要有环保标志，这很重要。具体鉴定方法可参考上节提到的木门的相关内容。

5. 门套、垭口的尺寸要和装修风格相匹配

门套和垭口边线的厚度最好和踢脚线的厚度一样，这样在它们相交的时候会好看很多。另外，边线的宽度应该与装修风格相搭配，如果家中是欧式或古典装修风格，那么边线可以选宽一些的，一般10～12cm；其他装修风格的则可以选窄一些的，6～8cm就可以了。

6. 看款式

套装门的款式直接影响到整个房间的装修效果，大家可以带着设计师去看门。如果没有设计师，也可以多看看图片、实物，选择最适合自己家装修风格的套装门。

色彩方面，门套最好和门的颜色一致，甚至可以与踢脚线的颜色统一起来，这样在视觉上才不显得乱。

如果做造型，门套、窗套和垭口做同样的造型才会好看。

特别提醒

选择套装门的三大误区：

（1）不要非全实木门不买。如果你特别注重材质，喜好纯实木的质感且经济条件宽裕，重金采购实木门没有问题，但实木复合门才是性价比最高的实木门。

（2）并非表面漆高亮度的门就好。缤纷的色彩、高亮度的表面虽然让人的感官得到了愉悦，但可能危害人的健康：首先，长期生活在鲜艳夺目的色彩中会造成人的视觉疲劳，导致神经功能、体温、心律、血压等失去协调，令人头晕目眩、烦躁不安、食欲下降、注意力不集中、无力、失眠。其次，高亮度很容易造成光污染，使人眼的视网膜受到刺激。

（3）并非隐形合叶内门更美观。有些商家打着美观的名义将合叶隐藏在门扇内部，在使用中，如果合叶断裂则很难发现，等发现时，或许整扇门板都快扑倒在地了。这种合叶业主无法自己修理，只能返厂维修，而且修理的时间也会比一般门长很多。

推拉门——选好轨道增"寿命"

购买档案

关键词：滑轮和轨道，板材和漆面，厚度，密封性

重要性指数：★★★★

选购要点：选好滑轮和轨道，看好板材和漆面，确定厚度，检查密封性

推拉门是家装门面的一种，常见材质有玻璃、木材和铝合金等，而且它的形式多样，能与装修风格合理搭配，起到良好的装饰作用。在家庭装修中，推拉门作为一种门板装饰常用在衣柜、阳台、厨房等地方，它的优点是既能隔出密闭的空间，同时又很节约空间。空间较小又需要装门时，推拉门的上述优点显得尤其重要，因为在狭小空间安装套装门会阻挡光线，使空间更狭小、压抑；而安装推拉门则不但不会阻挡光线，还能满足隐私或密闭的需要，在空间划分上也非常有弹性，可大可小，使用方便。购买推拉门时，尤其要把好滑轮和轨道的质量关，这二者是推拉门的关键所在，影响着它的使用寿命。

选购技巧

1. 选好厂家和服务

购买推拉门时，一定要选择有实力、有信誉、售后服务到位的正规厂家。购买前要仔细核实产品的保修期、维修等售后服务事宜，并尽量选择有保修卡和质保卡的产品，不能轻信商家的口头承诺，以免售后出现争议时没有相关凭证。

2. 滑轮和轨道的质量决定使用寿命

轨道是推拉门的核心部件之一，它的好坏直接影响推拉门的使用寿命。推拉门轨道包括双向推拉轨道、单向推拉轨道和可折叠推拉轨道，业主可根据需要自行选择。在选购推拉门轨道时，要尽量选择品牌产品，业主可从以下几个方面辨别轨道的质量：①看轨道与滑轮的磨合度，滑轮与轨道结合得越完美，推拉门使用起来越顺畅。②看轨道上是否安装了停止块和定位系统，它们可以更好地控制门的推拉和停止。③看轨道是否有防撞胶条和门高调节设置，以便增加推拉门的稳定性和调节门的高度。滑轮是轨道上的重要五金件，也是决定推拉门使用寿命的另一核心部件。购买滑轮时首先要看材质，目前市面上常见材质有金属、玻璃和塑料，它们各有优缺点。金属材质的滑轮坚韧性和耐磨性很好，唯一的不足是推拉时会产生较大的噪声。玻璃滑轮的坚韧性和耐磨性也不错，而且避免了金属滑轮的噪声问题，是业主的最佳选择。塑料滑轮耐磨性较差，门板较轻时使用尚可，一旦门板过重，长期推拉会造成滑轮磨损，进而影响门板平衡，使两端高矮不一，开关不顺。其次要看滑轮的承重力，一般内部装有轴承的滑轮承重力更强。最后还要看滑轮是否安有防跳、防振等装置，它们可以防止推拉门脱轨，使其更具稳定性。

3. 看好板材和漆面

木质的推拉门多为刨花板、纤维板一类的人造板，在选购木质的推拉门时要格外把好质量关，因为人造板有优质和劣质之分，劣质的人造板甲醛超标，会成为环境和健康的一个隐形杀手，因而在挑选时务必检查木质推拉门的甲醛含量。另外，推拉门表面如果有漆面装饰，选购时既要检查漆面是否光滑均匀细腻、纹理是否清晰，还要检查上漆工艺，漆面是否经过烙化，因为只有经过烙化才能增强附着力，推拉的过程中才不容易掉漆，否则很容易出现漆皮掉落的问题。总之业主在购买推拉门时要货比三家，尽量选择更有保障的品牌产品。

4. 确定门板厚度和密封性

推拉门的厚度决定其在使用过程中的稳定性，如果门板过薄，推拉起来就会轻飘、晃动，时间久了门板就会翘曲和变形，影响使用。材质不同，推拉门的厚度也不同，如果用玻璃做门芯，厚度一般在5mm左右；木板则要重一些，厚度以10mm左右为宜。业主在购买时最好亲自测量一下，避免商家为节约成本而偷工减料。

购买推拉门时还要检查其密封性，看看两块门板间是否有较大的缝隙。对于滑轮安装在轨道外面的推拉门，门板和轨道之间通常要留有缝隙，这种推拉门的密封性相对较差，难以阻挡气味和油烟，不适用于厨房等需要密封的空间。

特别提醒

（1）推拉门两边要紧靠墙壁，安装时要首先确定好位置，靠近推拉门及其轨道的整条线上不要安装和悬挂物件（例如开关、插座），以免挡住轨道，影响推拉门的滑动。

（2）轨道是推拉门滑动的主要路径，它的通畅与否决定着推拉门是否可以使用。轨道内很容易藏污纳垢，应注意经常清理，否则时间一长，清理很困难，影响推拉门的使用。

（3）推拉门只有与轨道保持在同一直线上才能顺畅推拉，因而切勿用力摇晃推拉门；在推拉时也应尽量轻推轻拉，以防门板变形，影响使用。另外在挪动物品时，尽量不要撞到推拉门的门面，尤其对于玻璃门面的推拉门，更要小心保护。

（4）正常门的黄金尺寸为80cm×200cm，这个尺寸被称为最佳比例，它能使门的舒适度、美感和稳定性都达到最佳状态。一般门的尺寸都在黄金尺寸左右，在安装推拉门时，高度尽量不要超出200cm，如果超过200cm，则要在门上安装辅助条，增强推拉门的稳定性。

塑钢门窗和铝合金门窗——用就用好的

购买档案

关键词：塑钢，断桥铝

重要性指数：★★★★★

选购要点：购买有资质厂家的产品，主材的五金配件都要优质

除了普通的木门或钢门外，塑钢门窗、铝合金门窗也是家庭中常用的，一般用于阳光房、窗户、推拉门等。

塑钢门窗或铝合金门窗不是每家都要自己购买的，有些商品房配有很好的门窗，业主就不必操心了。如果业主准备安装阳光房或者改造二手房，塑钢门窗或铝合金门窗就必须投入，而且这往往是很大的一笔支出。

这两类门窗的市场和其他门窗的市场很不同，似乎没有什么名牌，在大的家装材料市场里也很少见到大型店面。为什么会这样呢？原因有二：一是由于每家的门窗尺寸各不相同，往往需要商家上门测量以后再到工厂加工生产，属于典型的来

上篇 火眼金睛选家庭装修材料

下篇 装修完成后常会后悔的39件事

料加工的个性化服务，并不需要大型生产流水线。二是好一点儿的商品房往往不需要购买门窗，这就意味着，门窗的销售市场并不大，没有足够高的利润来支撑大商家，只有一些小商家，而且很少进驻家装材料市场，只是随便在路边开个小店，采取前店后厂的经营模式。

小本经营的直接后果就是质量和信誉都不太可靠，因此，业主在选择门窗时，要付出更多的精力。

 选购技巧

1. 首选断桥铝合金门窗，次选塑钢

现在做门窗的材质主要有两种——断桥铝合金和塑钢，断桥铝合金材质明显优于塑钢。为了让室内门窗显得有档次，应该首选铝合金材质。建议大家不要在门窗上省钱，因为门窗的主要功能是保温、隔音、防盗，如果选择质量差的材质，则会为以后的生活带来困扰。

断桥铝合金（左）和塑钢（右）

2. 门窗商家的服务质量很重要

制作、安装门窗是个精细活，一旦门窗做小了或者做大了，都会安装不上。服务好的商家在测量尺寸时会非常仔细，服务不好的则可能出现问题，甚至还会野蛮施工。杜绝商家的服务出现问题的核心是准确测量。在商家的工作人员测量尺寸时，业主要在一边监督，避免工人玩忽职守。

3. 门窗要尽早订购

如果需要自己装门窗，最好早定早施工。如果门窗没有安装好，和门窗衔接的部分就无法装修；如果是冬季装修，没有门窗就无法保持室内温度，这会让几乎所有的装修工作都无法进行。

4. 断桥铝门窗的选购要点

断桥铝门窗的前身是铝合金门窗，它在铝合金门窗的基础上提高了门窗的保温性，通常又称为"隔热断桥铝合金"。

"断桥铝"的名称由来是这样的：因为铝合金是金属，导热比较快，所以室内

外温度相差较大时，铝合金就成了传递热量的"桥"。断桥就是采用硬塑料将铝合金隔断开。塑料导热慢，这样热量就不容易传递了，这种情况就叫断桥，而这种材料就叫断桥铝合金。断桥铝门窗还有一个比较专业的名字——铝塑复合门窗。

断桥铝合金色彩多样，易维护，在保温性、隔音性、防火性、密闭性、抗老化等方面都明显优于塑钢，所以建议大家还是尽量选用断桥铝合金的门窗。

断桥铝合金门窗的选购应该注意以下几点：

（1）购买品牌产品。断桥铝合金型材必须选择能够经常见到的品牌厂家的产品，比如凤铝、亚铝等。

（2）五金件要优质。好的五金件能够保证你顺滑地开关门窗几十年，目前情况下，进口五金的质量相比国产五金好一些。

（3）断桥铝型材有不同型号，例如55、60、65等，这些数字指的是型材的宽度。一般家里的窗户框架都应选用55以上的型材，常用的是60的。

（4）断桥铝门窗的玻璃必须选择中空的，为达到保温效果，一般选择12mm的中空，单层玻璃的厚度应该达到4~5mm。

（5）除了材料外，安装的水平对门窗的最终效果也有很大影响。门窗一般由商家负责安装，大家应该事先考察商家的安装水平再决定是否买这一家的产品，最好的办法就是到其已经安装完成的工地去看看。

5. 塑钢门窗的选购要点

塑钢简单讲就是"塑料框架+钢衬"。钢衬的作用是增加塑料腔体的承重能力。塑钢型材的主要化学成分是UPVC（也称硬PVC），因此也叫PVC型材。它是近年来被广泛应用的一种新型的建筑材料，通常用作铜、锌、铝等有色金属的替代品。在房屋建筑中主要用于推拉门窗、平开门窗、护栏、管材和吊顶材料的应用。

在购买塑钢门窗的时候应该注意以下五点：

（1）要看厂家有无建委颁发的生产许可证，千万不要贪便宜买三无的作坊产品。塑钢门窗均应在工厂车间用专业设备加工制作，而不应该在施工现场制作。

（2）看UPVC型材。UPVC型材是塑钢门窗的质量与档次的决定性因素，高档UPVC型材配方中含抗老化、防紫外线助剂，抗老化性能好，在室外风吹日晒三五十年都不会老化、变色、变形。从外表上看，高档UPVC应该是表面光洁，白中泛青，而不是单纯的白色。中低档型材的颜色白中泛黄，由于配方中含钙太多，使用几年后便会越晒越黄直至老化变形、脆裂。选购时，可向厂家索要不同的型材断面并放在一起比较，孰优孰劣便可一目了然。

（3）看玻璃和五金件。首先，玻璃应平整、无水纹。安装好的玻璃不应该与塑钢型材直接接触，不能使用玻璃胶，而是由密封压条贴紧缝隙。其次，高档门窗的五金件都是金属的，其数量齐全、位置正确、安装牢固、使用灵活；中低档塑钢门窗则多数选用塑料五金件，其质量存在着极大的隐患，寿命也不长。

（4）看门窗的组装质量。优质塑钢门窗的表面应光滑平整，无开焊断裂；密封条应平整、无卷边、无脱槽，胶条无异味；开合门窗时应滑动自如，声音柔和，无粉尘脱落；关闭门窗后，扇与框之间无缝隙；玻璃应安装牢固，若是双层玻璃，夹层内应没有灰尘和水汽。

（5）看内腔和钢衬。首先，优质的塑钢型材应该是合理设计的多腔体厚壁，一般情况下，UPVC型材的壁厚要大于2.5mm，内腔为3腔结构（具有封闭的排水腔、隔离腔和增强腔）。其次，门窗框、扇型材内均嵌有专用钢衬，钢衬不能太薄，这样才能确保窗户不变形。有的黑心商家会用较薄的铁皮代替钢衬，以次充好。选购时可以透过锁孔看一下整个门窗的内部结构。

6.铝镁合金门窗的选购要点

除了塑钢门窗和断桥铝门窗，铝镁合金门窗在家装中也时有使用。铝镁合金的主要元素是铝，再掺入少量的镁或者其他的金属材料来加强其硬度。现在铝镁合金多用在生产折叠门、卫生间门、厨房门上，其外形豪华美观，体现高贵品质，占地小，可自行拆除，安装方便，可直接用水冲洗，通光效果极佳，是大阳台和客厅之间最理想的屏障。它比传统的塑钢门窗耐用，但各项性能比断桥铝差很多。

挑选铝镁合金门要注意几点：

（1）看外观。铝镁合金门的表面处理是烤漆的，在选择时尽量要求颜色一致，这样就不会出现色差现象。

（2）看玻璃。铝镁合金门的玻璃大多为晶彩、珠格、夹层凹蒙、晶背、欧格和英式镶嵌几种，看晶彩、晶背的时候，最主要看有没有多余的晶点，晶点是工人制作玻璃的时候不小心多点的，属于残次品，珠格和英式镶嵌最主要看中间的横条和竖条是否平行，如果不平行也属于残次品，需要退换。

（3）看五金。在看样品或者实际安装时上下压一下锁把，如果锁把压下立刻弹起就说明锁没问题。再左右晃一下锁把看看是否有大幅度的松动。

（4）看壁厚。铝镁合金门分以下几种：大折叠门、吊趟门、地轨推拉门、平开门，小折叠门等。其种类不同壁厚也不同，室内用的平开门一般商家宣称是1.5mm厚，实际厚度多数为1.2mm，小折叠门的壁厚则为1.0mm。

特别提醒

（1）隔热效果好的断桥铝合金门窗的价格至少是普通塑钢材料门窗的2倍，所以，如果你家里原来的窗户是单层塑钢的，封闭性还可以，就不必全部更换断桥铝合金的，可以在原来的窗户里面再加一层窗户，这样同样可以增强保暖效果。

（2）安装塑钢门的时候，一定要提前算好塑钢门门框突出墙壁的尺寸，以保证安装完成后的门框和贴完瓷砖的墙壁是平的。

门锁、拉手、合叶——与门休戚相关的重要配件

购买档案

关键词：室内门锁，材质，尺寸，防火、防盗，拉手材质

重要性指数：★★★★

选购要点：室内门锁的防火性能要好，拉手要考虑承重能力以及环境对材质的要求，拉手的表面工艺要好，合叶尽量选高档的

在安装房门时，五金件虽然称为"辅件"，但其作用却绝不容忽视。在此介绍三个最重要的配件——门锁、拉手和合叶。

(一) 门锁——与门的质量息息相关

无论多么简单的装修，门锁永远不可能被精减。现代生活中，锁具的作用不仅是实用，还起着装饰作用。

从功能上说，门锁分为防盗门锁和室内门锁。在讲防盗门时对防盗门锁已有详细介绍，在此主要介绍室内门锁的选购。比起防盗门锁，室内门锁的防盗功能弱一些，但装饰性更强。

 选购技巧

1. 挑选知名度高、历史悠久的品牌产品

首先，历史悠久的知名厂家的产品经过了长时间的市场考验，质量有保障，有稳定的服务体系，网点也多，售后服务也更有保障。这些是小厂家无法比拟的。

其次，国外对于五金锁具都有非常严格的标准规定，所以进口产品的质量相对比较优越一些，但是价格偏贵，经济条件好的家庭可以考虑。我国轻工业部出台的标准（QB）要高于国家标准（GB），知名厂家大都执行该标准，小厂家为了节省成本，产品连国家标准都达不到。

2. 看功能设计和尺寸是否匹配

选什么样的锁，要看用在什么地方。大品牌往往有非常明确的产品分类，如通道锁、浴室锁、储藏室锁、大门锁等，大家在购买时要有针对性。

在选购门锁前，先要测量门的厚度和门框宽度，以便工作人员配置锁芯的长度和锁体宽度，否则会装不上。同时，门锁应力求与门上的其他配套五金保持协调。

3. 看方向是否匹配

门有单开、双开、左右开之分，合叶装在门左边的为左开，合叶装在门右边的为右开，双开即两边门都能开。配锁时需要了解门的开向，以便于工作人员配置门

锁的开向。

4. 注意保持进户门锁与防盗门的距离

选择进户门锁时，应注意防盗门与进户门的间距不能小于80mm，否则进户门锁上后，防盗门就关不上了。

5. 看材质，判断防盗、防火性能

目前市面上的锁有不锈钢、铜、铝合金、锌合金等材质。不同的锁具是针对不同的房屋和门而设计的，一般对防盗要求较高的入户门应该选择不锈钢、铜或者有加厚设计的高品质锌合金锁，室内房门锁用高品质锌合金即可，既美观又经济。不建议购买普通铝合金和锌合金锁，它们价格低廉，但防火、防锈、防撬、防变形等各种性能都较差。试想，若锁具不防火，则锁体会在高温下发生变形，危急之中导致无法开启，影响逃生。

6. 看有无防细菌功能

门锁是细菌的最主要传播途径之一，所以锁具材质的抗菌性极其重要。建议在厨房、卫生间等容易滋生菌体的房间使用具有抑菌作用的高级不锈钢质门锁，能装铜质的更好，只是它的价格贵一些；儿童、老人的抵抗力弱，有儿童和老人的家庭也应使用高级不锈钢质门锁。

7. 掂重量，比手感，听声音

门锁市场的鱼目混珠情况比较严重，同样是号称不锈钢、纯铜或者锌合金的锁，一些小品牌会偷工减料，用空心材料和劣质材料来制造，这样的材料掂起来很轻，敲击起来声音很闷，手感很差，表面通常有很明显的瑕疵，而且表面镀层极易褪色或脱落。好锁具则不会有这些缺陷。

8. 检查门锁包装

不仅要看包装内的配件是否齐全，还要看有无说明书和安装指引，如果没有这两样东西，就很容易造成错误安装或者不会使用，甚至连门都被毁坏。

(二) 合叶——肩负着开关门的重大责任

合叶是装修中不可或缺的五金件，一般用于门窗上。别看它个头小，在一定程度上却可以决定门窗的功能和使用寿命，所以大家在选购时必须多加小心。

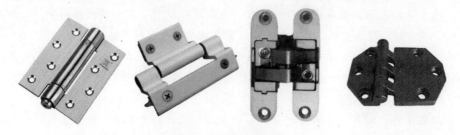

款式、材质各异的合叶

1. 选择合适的尺寸和材质

首先，根据门的重量和合叶的承重，确定需要安装的合叶数量以及尺寸；其次，合叶要选择静音轴承的，使用过程中如果发出噪声则会影响业主的日常生活；再次，合叶多数是铜或不锈钢的，铜的质量比较好，但价格较高，相对来说，不锈钢的性价比更高。

合叶的尺寸有标准尺寸和非标准尺寸之分，一般来说，正规厂家生产的标准尺寸的合叶要贵一些，非标准尺寸的便宜一些。大家在购买时不必刻意强求尺寸是否标准，只要与门匹配、质量过关即可。

2. 动手检查合叶的质量

（1）转一下合叶，质量好的合叶转动很顺畅。用手扳一下，好合叶会有种气压存在的感觉，绝对不是松松垮垮的，也不会不顺畅。

（2）将合叶平放并打开到一个不大的钝角或锐角，拿着一边，让合叶一点点打开到最大或者自动合拢。优质合叶打开或合拢的速度缓慢、流畅，如果合叶打开或合拢的速度太快或根本开不了、闭不上都说明它不是好合叶。

3. 辨别进口的还是国产的，不要花了冤枉钱

进口合叶比国产合叶价格高，整体质量也相对较高。为了防止商家将国产货当进口货出售，消费者可以通过以下三个方法判断合叶是进口的还是国产的：

（1）进口的合叶用料讲究，普遍比国产合叶重20%~30%。此外，进口合叶表面电镀细腻光滑，弹簧片边部处理得光滑规整，优质的合叶还专门加了尼龙保护装置。而许多国产合叶弹簧片边部没有打磨处理，有毛刺。

（2）进口合叶弹簧片处使用的是淡黄色或乳白色的顶级润滑油，有很长的使用寿命；而大部分国产合叶使用黑黄色或纯白色的便宜润滑油，很容易就干了，而且在天热的时候，劣质润滑油的黏度非常低，拿过合叶后会感觉抓了一手油。

（3）进口合叶开合起来比较轻松，第一次使用时，只有用螺钉旋具才能拧动上面的螺钉。国产合叶开合起来比较生硬一些，许多合叶上的调整螺钉用手就能转动。

(三) 拉手——功能不同，选购重点也不同

拉手的世界可谓丰富多彩，从材质上分有单一金属、合金、塑料、陶瓷、玻璃等；从外形分有管形、条形、球形等各种几何形状；从式样上分有单头式、双头式、外露式、封闭式等；从审美的角度来看，有前卫、休闲的，也有怀旧的。总之，去建材城逛一圈，一定让你大开眼界。

由于拉手缺乏国家标准，一般消费者对拉手的品质也缺乏相关的鉴别知识，甚

至有些人只关注样式和价格，根本不关注材质，因此，市场中充斥着超低价格的低档货，最终受害的是使用者。因此，在选购拉手时，尤其是门拉手时，一定要多留心，以免日后麻烦。

 选购技巧

1. 通过产地、品牌判断价格

现在的家装材料市场中，高档的门拉手大都是进口的，尤以德国进口为主，根据型号和款式等的不同，价格在千元到上万元不等；中档的门拉手以合资企业或台湾及广东地区生产的为主，价格在几百元到千元；低档的门拉手以浙江产的为主，价格可能在百元以内。大家在购买时，应视自己的经济状况而定，一般来说，重要部位的拉手宜选择档次高的，一般部位可以适当选择中低档的。

2. 根据安装环境选择材质

选购五金拉手时，不能孤立地看样式，而是要与安装环境相结合，看其材质、样式和大小是否与周边环境相适宜。例如安装环境有无酸碱、化学试剂，工作温度是否过高或过低，需不需要绝缘，拉手的承受力度是大还是小，工作环境是否潮湿等，这些因素都要考虑到。如果在易腐蚀的环境里装了金属拉手，则拉手再美观也美不了多久。

用来做拉手的材料很多，常见的有铜、不锈钢、锌合金、铝合金，其他还有天然石、天然木、塑料类等。

从材质上讲，全铜、全不锈钢的强度、抗腐蚀性和抗菌性都很好，几乎适用于所有重要部位，包括厨房、卫生间这些经常接触水、油污等的房间。其中铜质拉手的抗菌能力更强，不过，由于铜拉手价格很贵，对一般家庭来说，不锈钢拉手的性价比更高。此外，陶瓷或有机玻璃拉手也有防水防锈性能，但承力强度稍弱，是厨房、卫生间柜门的良好选择。

优质锌合金可以制造中档拉手，价格也比不锈钢的低，可用于一般部位。

塑料的拉手正濒临淘汰，不宜选择。

特别需要强调的是，普通铝合金拉手的承重能力较弱，最好不要用在对承重要求高的门上，尤其不要用于防盗门。如果一定要用，铝合金不能太单薄，否则用不了几年就会从脚座处断开。

至于玻璃、陶瓷、石制、木制等其他材料，通常用于装饰性的小拉手，视业主的喜好和具体情况而定即可。

3. 选样式

装饰性是拉手的另一个重要功能，至于选什么样的样式，各花入各眼，只要与相关的家具相配即可。一般来说，拉手要么醒目，要么隐蔽。例如玄关柜的拉手可强调装饰性，对称装饰门可安两个豪华漂亮的拉手，鞋柜则应选色泽与板面接近的单头拉手等。

4. 看安装方式

拉手有螺钉和胶粘两种固定方式，相比较而言，螺钉固定的拉手结实，胶黏的拉手很容易脱落。

5. 提防不锈钢拉手造假

在所有材料中，不锈钢因为最受欢迎，所以也最容易被冒充。首先，不锈钢的分级很多，价格相差很远，有些不良厂家会以次充好，甚至以内灌水泥的方式来欺骗顾客，所以要尽量选用正规厂家生产的产品。

其次，有些商家还可能会以镀不锈钢冒充不锈钢，大家在选购时用一块磁铁吸一下，高档的不锈钢拉手不会被吸住。

需要说明的是，本书在不同章节多次提到不锈钢的鉴别方法，或许侧重点不同，但是这些方法都相互通用。

6. 看表面工艺

拉手的表面工艺可反映出室内装修的档次，有时候，拉手表面工艺的制造成本可能比原材料成本还高。由此反推，表面工艺好的拉手，其原材料不会太差。

7. 看配件

一般要将拉手拆开后才能鉴别内部配件的优劣，我们不可能一一拆开检查。但是还是可以用简单的方法进行间接鉴定：①优质拉手配件主要采用数控设备加工，尺寸精确，装上后拉手不易松动，经久耐用。劣质拉手则因为加工粗糙、尺寸有偏差，安装后会有歪斜或者摇几下就松动的情况。②优质拉手往往有备用螺钉，避免因为一个螺钉而无法安装拉手，否则将会花费很多时间和金钱去寻找这么一粒合用的螺钉。③优质拉手的螺钉等标准配件多用不锈钢或铜质，防腐蚀功能强。劣质拉手的配件用材往往是较差的合金等，时间长了内部会严重锈蚀，有时想把拉手从门上拆下来都费劲。

8. 看包装

好拉手的包装比较正规，有多层防护，而低档拉手的包装则很简单。此外，正规产品的包装上都有合格证、检验号码、工厂地址、电话等信息。

钢化玻璃——通过观察辨真伪

购买档案

关键词：3C认证，表面凹凸不平，偏光下产生应力斑

重要性指数：★★★★

选购要点：查看质检报告和3C认证，看外观辨质量，观察是否有应力斑

第1章 — 第2章 — 第3章 — 第4章 — 第5章 — 第6章 — 第7章 — 第8章 — 第9章 — 第10章 — 第11章 — 第12章

上篇 火眼金睛选家庭装修材料

下篇 装修完成后常会后悔的39件事

钢化玻璃是一种经过深加工的安全玻璃，这种玻璃经过热化到急剧冷却的特殊处理后，表面会形成一种能增强玻璃强度和耐冲击力的压应力，这使它比普通玻璃更结实也更安全。钢化玻璃对外承受力更强，不易破碎，即便真的破碎了，它产生的碎片也多为钝角的细小碎块，这种并不尖锐的棱角对人体的伤害大大减小。另外，钢化玻璃还具有抗热耐寒的特性，能承受上百摄氏度的温差变化，稳定性能更好。目前，钢化玻璃已逐渐取代普通玻璃成为重要的家装材料，它主要应用于家具台面、隔断、屏风、玻璃门、采光顶棚等位置。但目前市面上的钢化玻璃质量良莠不齐，有的商家甚至用普通玻璃冒充钢化玻璃欺骗消费者，因而业主在购买过程中要学会识别真伪，选购质量可靠的产品。

选购技巧

1. 查看质检报告和相应认证

在购买钢化玻璃时，除了要挑选合适的规格，更要仔细查看产品是否合格。从2003年开始，玻璃必须进行安全认证，成功通过认证的产品在玻璃本体或最外一层包装以及产品合格证书上都要标出"CCC"标志。因此业主在购买钢化玻璃时，首先要查看其是否带有"CCC"标志；其次，业主还可根据包装上的企业信息、工厂编号等信息，在网络上查看所购产品是否属于已通过认证的型号，即查看证书的有效性。最后，业主在购买钢化玻璃时要查看产品的质检报告。玻璃属影响人身安全的危险产品，为确保产品质量无问题，安全有保障，商家在出售玻璃时必须向买家出具质检部门颁发的检验报告。除了可作为安全凭证，质检报告中还会标出产品各项质检结果，这些也是需要买家重点核实的信息，比如质检报告中所标明的产品是否经过均质处理一项。钢化玻璃具有自爆特性，即一种没有机械外力即可发生的自身炸裂。这是因为玻璃中通常含有微小的硫化镍结晶物，这种物质经过钢化处理后会慢慢发生晶态变化，体积渐渐膨胀，从而使玻璃内部应力增加，慢慢产生裂纹，直至炸裂。钢化玻璃这种无法完全避免的自爆只能通过均质处理来降低其发生的可能性和频率。

2. 看外观辨质量

看外观是辨别钢化玻璃好坏的最直接方式，具体查看内容首先包括是否有缺角、裂纹等，因为这些会使钢化玻璃的自爆风险成倍增加；其次还要查看钢化玻璃的边角废料。国家质量技术标准规定：每块钢化玻璃在50mm×50mm的碎裂区域内，其碎片不能少于40块，且要多为钝角，不能有尖锐棱角；允许有少量条形碎片，但长度不可超过75mm，也不能成刀刃状；玻璃边缘的长条形碎片与边缘的角度不可超过45°。合格钢化玻璃产品的以上性能必须全部达标。业主在选购钢化玻璃时可根据上述指标来判断所选产品是否合格。最后，业主还可通过感受钢化玻璃的平整度来辨别其质量。钢化玻璃的平整度不如普通玻璃，摸起来会有凹凸感且较长的边看起来有一定的弧度，业主选购时可把两块钢化玻璃靠在一起观察，弧度会更明显。另外需要注意的是，钢化玻璃的切割都是在钢化处理之前，成品的钢化玻璃不可切割，因而业主在购买钢化玻璃之前务必先要量好所需尺寸。

3. 观察反射光下的应力斑

应力斑是钢化玻璃反射光线时，玻璃表面出现的明暗相间的条纹。根据这一特点，业主可在特殊的自然光或偏光太阳镜下观察钢化玻璃反光时的样子，如果它的表面出现亮度不一致的条纹，则证明确为钢化玻璃。应力斑除了可证明钢化玻璃的真假，业主还可根据其不可消除，但有轻重的特性来判断钢化玻璃质量的好坏，通常加工技术越先进的钢化玻璃，应力斑越轻。

玻璃砖——透光、隔热的实用性能要到位

购买档案

关键词： 外观质量和规格尺寸，透光率，连接水平

重要性指数： ★★★★

选购要点： 查看外观，检查透光率，查看空心玻璃砖的胶接，查看连接水平

采光不好的房间不但显得压抑，甚至在白天也需要开灯照明，比较耗电，那么，在家庭装修中应如何解决这一问题呢？此种情况不妨尝试使用玻璃砖，它既能调节光线，又能延展室内空间。玻璃砖是一种玻璃材质的饰面材料，可用在墙面、隔断、屏风上，具有透光、隔音、隔热、防水、防火等良好性能，在家庭装修中被越来越广泛的应用。合适的玻璃砖在家装中往往能起到画龙点睛的作用。

目前，市面上流行的玻璃砖大体分为实心玻璃砖、空心玻璃砖、手工艺术玻璃砖和玻璃锦砖（玻璃马赛克）几类，其中空心玻璃砖和手工艺术玻璃砖应用最广。空心玻璃砖为非承重性装饰材料，它由两块凹形玻璃半坯在高温下熔接或胶接而成，边隙用白胶混合水泥密封。空心玻璃砖的中间是中空的密封空间，可以透光却不透明，有良好的隔音效果。在装修中，业主可根据空间采光设计和折射度需求来决定空心玻璃砖的大小、尺寸、花样和颜色。手工艺术玻璃砖由独特的手工艺术制作而成，它具有流动的色彩和独特的设计感，能够营造艺术氛围，提升空间时尚感。手工艺术玻璃砖比空心玻璃砖薄2cm左右，精致又独特的手工艺术使光线变得更柔和，能收获更好的装饰效果。

不同艺术效果的玻璃砖

 选购技巧

1. 检查外观质量和规格

玻璃材料具有透明性，通过看其外观，其质量往往也能一目了然。对玻璃砖的外观检查主要包括查看玻璃砖的平整度，表面是否有划痕、缺损、裂纹等缺陷，还要透过光线查看玻璃内部是否含有杂质、气泡等，这些微小的气泡、杂物、斑痕等虽然并不影响透光性，但却容易使玻璃慢慢变形、破损。有这种瑕疵的玻璃，即便商家抛出降价销售的诱饵，业主也坚决不要购买，因为这样的玻璃存在很大的安全隐患。

另外，玻璃砖的尺寸规格也会影响使用，选购玻璃砖时也要查看其规格是否标准，尺寸是否精确，对于带有图案的玻璃砖，其图案是否清晰等。

2. 检查玻璃砖透光率

在购买玻璃砖时也需要查看玻璃砖的透光性，透光性越好的玻璃砖质量越好，空间光线也越好。检查玻璃砖的透光性不但要查看其有无杂质、做工是否细致，还要将其放在灯光下，通过感受光线的投射情况来判断其透光性。测试时要注意灯光对玻璃砖透光性的影响，例如玻璃砖在黄色灯光和白色灯光下会给人不同的感觉，为避免灯光的误导，业主在检查时可更换光源或者在自然光下检查玻璃砖的颜色、透光性和光线折射度等。

3. 空心玻璃砖的检验

空心玻璃砖的检验要注意以下事项：两块玻璃的连接处处理得如何，连接位置有无裂纹，玻璃坯体中有无杂物，接口处有无未熔物，两块玻璃体间的熔接或胶接是否良好、稳定，砖体是否有波纹、气泡和玻璃等不均质产生的层状条纹。

4. 看玻璃砖的连接水平

玻璃砖的连接水平决定着装饰面板的稳定性，尤其是空心玻璃砖，砖块之间的连接影响着墙面的稳固性。在选购玻璃砖时，业主可以把几块玻璃砖拼在一起，查看拼接是否严密、完好；水平和垂直方向是否呈标准直线；四周有无翘边；角度是否方正等。另外，为保持重心，确保连接稳固，玻璃砖外面的内凹应小于1mm，外凸应小于2mm。

艺术玻璃——体现艺术审美的效果

艺术玻璃是带有艺术装饰性的玻璃，它是艺术性与玻璃材料的完美结合，常用于室内玻璃门、背景墙、屏风、隔板、顶棚等处。艺术玻璃上面带有特殊工艺制作的彩绘或图案，材质晶莹剔透，造型美轮美奂，具有较强的装饰性，弥补了普通玻璃的单调和乏味，能更好地调节室内氛围，因而成为室内装饰的新宠。

现在的艺术玻璃市场，生产企业众多，艺术玻璃种类丰富，产品质量良莠不齐，不同企业工艺水平和设计能力存在差异，还需要消费者悉心去挑选和鉴别。

 选购技巧

1. "货比三家"选品牌

选购艺术玻璃，首先要确定家装的主色调和基本风格，做到选择目标明确，避免被眼花缭乱的商品弄晕，更不可因为一时喜欢而产生冲动消费，买回来才发现与家装风格根本不匹配。其次，多选几款适合的产品，货比三家，逐一甄别，选择一款在价格、质量、服务综合质量上更高的产品。再次尽量选择品牌产品，这样的产品质量和售后服务均有保障。最后，购买时所开发票或者合同写清艺术玻璃的名称、规格、数量、价格、金额，并记好商家的名称、地址、电话，以便出现问题及时联系。

2. 确定玻璃尺寸和厚度

购买艺术玻璃时，先要确定自己需要的玻璃规格，以便缩小选择范围，节省时间，提高效率。在选好艺术玻璃后，一定要自己核实尺寸是否标准，是否符合自己的需求。如果是在厂家定做，需提前测量准确需要定做的艺术玻璃的尺寸，在下单时认真核实，准确填写，并留好底联，方便出现问题时作为证据。

平时在买玻璃的时候，商家会介绍玻璃厚度为6厘、9厘、12厘，这是商家的一种通俗叫法，在这里"厘"指的是单位"毫米"，也就是厚度为6mm、9mm、12mm。艺术玻璃的厚度要根据应用选择：一般门窗玻璃厚度为5～6mm；稍大一些的屏风和框架厚度可以选择7～9mm；室内的隔断、半截护栏等厚度要达到10mm以上。在选择时，自己要亲自测量，确认一下商家给出的厚度。

3. 检查玻璃做工是否合格

艺术玻璃从工艺上分为彩绘和浮雕两种类型，购买时检查图案的花纹、色彩和纹理是否清晰；玻璃内部是否有加工时留下的污渍、手印和黑点等杂质；玻璃是否有裂纹、磕碰、缺口等问题；边缘是否磨边；切口是否整齐、标准等。艺术玻璃在加工手法上包括压铸、热熔、冷加工和粘贴等，采用粘贴手法加工的艺术玻璃，购买时要检查粘贴所用胶水和施胶度，可以通过查看用胶面积是否饱满、粘贴面是否光亮进行鉴别。

4. 保证玻璃安全性

玻璃具有一定的危险性，碎裂时可能会对人身造成伤害，所以在选择玻璃材质的装饰材料时，一定要选择安全性高的玻璃。钢化玻璃、夹层玻璃和夹丝玻璃都属于安全玻璃，受到撞击和振动时不易碎裂，即使碎裂，钢化玻璃碎片小且多为钝角，夹层玻璃和夹丝玻璃中间的膜或丝会黏结玻璃碎片，不易伤到人。因而在选择艺术玻璃时，应多选择以上类型材质的艺术玻璃。

5. "有色玻璃"不要选

在装修中，为了追求特色有时会使用有颜色的彩色玻璃，这些有色玻璃会比无色玻璃遮挡更多的太阳光。根据测试，无色玻璃可以透过50%的太阳光线，而有色玻璃只能透过26%的太阳光线。我们知道，太阳光的紫外线具有杀菌、消毒、除味等多种作用，长期接收不到阳光会影响健康，长期接触不到阳光的角落也会发霉。有色玻璃在刚装上时会感觉到有特色和新鲜，时间久了，反而觉得压抑和遮挡光线，所以在选择艺术玻璃时，尽量不要选择"有色玻璃"。

第6章 橱柜、洁具、五金件

整体橱柜——家装重头戏，需要精挑细选

购买档案

关键词：风格，人性化设计，台面材料，分体式，一体式，计价方法

重要性指数：★★★★★

选购要点：不贪便宜，要有长远眼光，选择最省钱的计价模式，设计要合理，防火性、环保性要达标

橱柜是家庭装修中的支出大项，一组好的橱柜动辄几万元、十几万元甚至几十万元。与其他的商品不同，橱柜选购中问题更加复杂多变，历来是比较头疼的一件事情。大家要想买到称心如意的橱柜，就必须在购买前弄清楚以下几个问题。

选购技巧

1. 要有长远的眼光，设计要因人而异

（1）购买橱柜不能一味追求低价。一般来说，好货不便宜，所以最好选择有实力、讲信誉的橱柜公司，这样会更有保障。同时，在购买橱柜时要核实商家的资质，考察厂家是否有自己的专业安装队伍，是否有专门的服务部门等。

如果商家说橱柜配件都是进口的，则一定要查看证明文件，而且要在订单上写明哪些是进口的，是什么品牌的。进口配件的价格比国产的贵很多，要防止商家进行价格欺诈。

（2）橱柜设计要因人施材。例如，不要迷信所谓的台面标准高度，因为标准高度可能并不适合你。最科学的办法就是事先找一个标准高度的橱柜台面，在上面架锅模拟炒菜，然后不断调整台面高度，找到让你最舒服的高度，用这个高度减去露出台面的炉灶的高度，就是最适合你的橱柜高度。再比如，吊柜的高度也要因人而异，以方便拿取为标准。

（3）方便实用最重要。橱柜厂家为了吸引消费者，会不断推出新奇的设计

现代风橱柜

方案和配件，价格也会随着提升。事实上，这些新设计不见得实用，反而是只有基本功能和传统配件的橱柜不但好用还省钱。所以，大家在选购橱柜时，要本着方便实用的原则，不实用的功能不要。例如，米箱可以不要，侧封（就是吊柜侧面板）可以不用昂贵的门板。吊柜选择侧开门更划算，比上翻门能省上百块。

2. 不要太在意柜体的板材材质，但要注意其厚度

目前用于橱柜的板材很多，有刨花板、密度板、防火板等。现在橱柜市场已经很成熟，无论用什么板材，质量都不会太差，价格也很透明，基本上没什么水分。对于消费者来说，不必过分计较门板的材质，主要在款式和投资之间做选择就可以了。

同一材质下，板材越厚质量越好，价格自然也越贵。例如用18mm厚的板材制造的橱柜比用16mm厚的板材做的橱柜寿命可以长一倍，但成本也大约高出7%。

3. 看台面

适合做厨房台面的材料有防火板、人造石、天然大理石、花岗石、不锈钢等，其中以人造石台面的性价比最高。在挑选台面时不能只考虑价格和外观，更要关注实用性，太便宜的石质台面碳酸钙的成分高，容易开裂。

关于各种台面的特性，详见下面章节，在此暂不赘述。

4. 优先选择独立柜体

从性价比的角度看，独立体柜更好，这与计价方法有关。

5. 看标价方法

国产高档橱柜和进口橱柜通常是按柜体计价的，就是吊柜和地柜分别标价，这种方法比较科学，对消费者来说更有利。

多数普通品牌的国产橱柜都采用延米计算法。早期的延米计算法是以地柜的米数为基准计价，由于橱柜的吊柜和地柜的长度多数情况下是不一样的，所以这种方法很不合理，已经逐渐被淘汰了。

目前常用的是报延米总价，吊柜和地柜占不同的比例，比如4:6就是吊柜占报价的40%，地柜占60%。如果不做吊柜，就会按相应的比例折算后减去吊柜的长度。一般来说，吊柜占的比例越大对消费者越有利，如4:6开的比3:7开的或2:8开的更划算。

需要注意的是，不少商家采用"买地柜送吊柜"的方式，比如买2m地柜送1m吊柜，但前提是吊柜的尺寸不能超过地柜的一半，超过部分要额外加钱。这种方法是商家惯用的促销方式，很不合理，尽量不要选择。

6. 查看密封性、防火性等特殊功能

首先，厨房设备要有抗污染的能力，所以橱柜的台面、面板、门板、箱体和密封条、防撞条等处的封闭性一定要好，否则会造成油烟、灰尘、昆虫进入。

其次，建议选择有防蟑静音封边的柜体，可以防止蟑螂、老鼠、蚂蚁等进入橱柜。有防蟑封边的橱柜成本比没有的高3%左右，虽然价格贵了些，但值得拥有。

再次，看防火性能和环保性能。厨房是家中唯一使用明火的区域，所以橱柜表层的防火能力是选择橱柜的重要标准。正规厂家生产的橱柜面层材料全部由不燃或阻燃的材料制成，这也是为什么一定要选择正规厂家的重要原因。

7. 查看检测报告

作为家具产品，橱柜也必须拥有国家质检部门出具的成品检测报告，并明确标示甲醛含量。有的厂家只能提供原材料检验报告，却没有成品检测报告，这样的产品很难保证环保性，因为只有成品合格才能保证其产品的环保性合格。为了防止商家造假，消费者向商家索要质检报告后，可以根据报告上的编号打电话到质检部门核查真伪。

8. 看做工和配件

首先，看拼装方式。高档橱柜通常采用榫卯结构加固定件及快装件的方式，不但能更有效地保证箱体的牢固及承受力，而且因为少用胶合剂从而更为环保。相反，一般小厂或手工现场打制的橱柜只能用螺钉铆钉或者胶合剂连接，各方面性能都要差一些。

其次，看背板的封闭方法。按标准做法，橱柜的背板都要用封固底漆涂刷。但是有的厂家为了节约成本，对背板只做单面封，看不到的一面是裸露的。单面封后背板容易发霉，也很容易释放甲醛，造成污染，故不能选用。

再次，看水槽柜的安装方法。橱柜的水槽柜有一次压制的也有用胶水粘贴的，显然，一次压制的密封性能更好，水、湿气不易渗透，能更有效地保护柜体，延长橱柜使用寿命。

最后，看橱柜的配件。橱柜由台面、门板、柜体、五金4个部分组成，每个部分的要求各不相同。就配件来说，质量非常重要。作为橱柜的"关节"，配件出问题了，整个橱柜就瘫痪了。鉴于配件的重要性，本书将在下一节专门进行介绍。

9. 看保修期

能否提供优质的售后服务是厂家实力的表现。比如保修年限，有的厂家是一年，有的厂家是两年，也有的是五年。显然，敢于保五年的厂家，对质量要求一定更高，对消费者来讲也最有利。所以消费者在订购橱柜时一定要问清楚产品保修等问题。

10. 充分与商家协调自己的想法

业主选中风格、谈好价钱后，厂家会派人去现场测量尺寸，并且根据房屋的水电情况，完成初步设计图。业主有什么想法，就要在这个时候充分提出来。等厨房的水电改造、贴砖、吊顶等基础施工完成后，橱柜设计师会再次上门精确测量，做出最终的施工图纸。然后，橱柜公司就开始下料生产了。生产周期通常在15~30天。

整体橱柜有许多风格，中式、欧式、美式等，不一而足，不同的风格对应不同的门板材质和颜色。想知道各种风格是什么样的，去橱柜展示厅就可以全部看到。

第1章 — 第2章 — 第3章 — 第4章 — 第5章 — 第6章 — 第7章 — 第8章 — 第9章 — 第10章 — 第11章 — 第12章

上篇 火眼金睛选家庭装修材料

下篇 装修完成后常会后悔的39件事

延米

　　石材，包括橱柜都是以"延米"计价。延米即延长米，一延米就是一定宽度的材料的1m。就石材而言，常见宽度是60~62cm。另外，整体橱柜也是按延米计价的，购买时，商家会告诉你具体计算方法。

　　（1）橱柜数量应该尽量多做一点儿，因为随着时间的推移，厨房里的杂物会越来越多。

　　（2）不论是购买整体橱柜还是找木工打制橱柜，一些需要提前确定尺寸的产品最好在施工前购买。如测量橱柜尺寸前，要事先购买抽油烟机，这样，在测量橱柜尺寸时才能准确地预留出抽油烟机的位置；安装大理石台面时要事先购买燃气灶、水池，以便在石材上切割出合适的位置等。

　　如果找木工打制橱柜，还要测量好地柜里拉篮的大小，以便给地柜做合适的分割空间。

橱柜五金配件——不追牌子追质量

购买档案

关键词：铰链，滑道，阻尼，吊码，拉手

重要性指数：★★★★★

选购要点：铰链要重视使用寿命，滑道要重视承重力和滑动顺畅性，吊码要有足够的承重力，拉手要与安装环境匹配

　　橱柜五金件就像橱柜的"关节"，关系到整个橱柜的使用顺畅度和寿命。因此，不论是找人制作还是在专卖店定制，都务必使用优质的五金件。

　　橱柜的五金件有许多，不同的五金件，选购要点也各不相同。

 选购技巧

1. 铰链的质量和安装都很重要

　　铰链是经受考验最多的橱柜配件，它不仅用来连接柜门和柜体，还要独自承受门板的重量，日常开关次数也非常多，所以损耗率比较大。劣质的铰链在橱柜反复

几次开合后就会"瘫痪"掉。

选购铰链要注意以下几点：

首先，看清型号。铰链的价格跨度很大，即使同一品牌的不同系列，价格相差也很大。一般来说，合格的铰链质量基本都过关，不必太追求高价格。但是，为了不买到次品，一定要选购品牌铰链。由于铰链的价格与型号有关，所以大家在购买铰链时要认准型号，如果是装修公司包料，则要在合同上详细注明。

其次，不要买错了款式。按照安装方式的不同，铰链有全盖式、半盖式和内嵌式之分，大家在购买时要事先看清楚自己家橱柜是哪种设计，不要买错了。另外，铰链的曲度一定要足够大，以保证自由地将柜门开启至合适的角度，方便地取放任何物品。

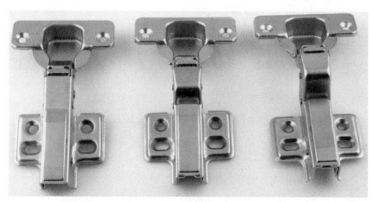

全盖式（左）、半盖式（中）、内嵌式（右）铰链

2. 滑轨要兼顾顺畅性和承重能力，还要有阻尼

滑轨主要用在橱柜的抽屉上，常见的有轮轨式和伸缩式两种。伸缩式容易安装，但无法把抽屉全部拉出来。轮轨式价格便宜，也可以把抽屉从橱柜上拿下来，但对于安装技术要求比较高。

选择滑轨的重点在于承重力与滑动效果，大家可以亲自试一试，优质滑轨在滑动时不会晃动，滑动顺畅，没有严重的噪声。一般来说，滑轨用普通等级的就行，但是必须有阻尼，阻尼会让橱柜看起来上档次，且使用起来更方便。所谓阻尼就是有阻力的意思，有了阻尼，抽屉在滑动时就可以停留在任何一个位置。

3. 吊码的承重要好

吊码的作用是将吊柜固定在墙上，不仅要承受柜体本身的重量，更要承受里面所装物品的重量，因此承重一定要好。

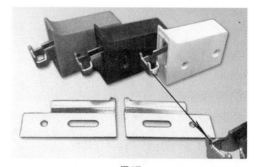

吊码

第1章　第2章　第3章　第4章　第5章　第6章　第7章　第8章　第9章　第10章　第11章　第12章

上篇　火眼金睛选家庭装修材料

下篇　装修完成后常会后悔的39件事

目前，市场上主要有PVC吊码和钢制隐形吊码，后者的承重能力更强，老化周期更长。一般来说，好橱柜会使用承重力达到70kg的隐藏式承重吊码，更高品质的橱柜则采用承重达120kg的新型外露式吊码。而普通吊柜的吊码只能承重35kg，并且是外露式。

许多人并不知道吊码为何物，更别说关注了，但它是很重要的五金件。

4. 拉手因人而异

橱柜的拉手除了要考虑美观性，还要考虑实用性，比如隐形式拉手不方便清理，明拉手容易磕碰，大家要视具体情况选择合适的款式。由于橱柜拉手换起来比较方便，所以不必过于追求档次。

5. 翻门气撑比随意停好

如果你家是上翻式柜门，需要让上翻门板停在任意位置，气撑是最好的选择。气撑也叫气压上翻气鼓，可不太费力地将柜门上翻支撑。尽量少用随意停，这种配件很容易坏。

建议大家最好还是选择两边开的柜门，这种门不需要过多的配件，使用起来更方便。

除了上面提到的主要五金配件，橱柜的其他小配件都不可省，比如踢脚线、防撞垫等，虽然都是小配件，但有了它们橱柜用起来更方便。

特别提醒

（1）功能太复杂的高档橱柜五金件尽量少用。

（2）在安装橱柜时，业主一定要在旁监督。一方面，不管橱柜是定制的还是由装修公司负责安装的，业主的监督可以防止施工人员偷换五金件，以次充好；另一方面，可以及时监督施工者正确安装。安装时，施工人员往往在铰链与门板还没有对齐时就开始拧螺钉，致使铰链与门洞不吻合，反复拧几次后，螺钉洞变得越来越大，从而导致门板受损，不能与铰链严丝合缝地配合。这种情况下，在开合几次柜门后，铰链就会松动脱落；严重时需要另换铰链，重新打洞。

天然石材台面——见仁见智的选择

购买档案

关键词：花岗岩，大理石，拼接，吸附，重，着色石材

重要性指数：★★★★★

选购要点：小心买到着色石材，选择质地紧密的石材

石材有天然石材和人工石材之分，主要用作台面、面板，也可用作地砖或墙砖，或者用在墙裙、窗台等处做装饰用。石材种类很多，价格差别极大。

用于装修的天然石材有大理石和花岗石。花岗石由大结晶状颗粒构成，结构非常致密，表面上看到的是点状颗粒。大理石一般由粉末状细微颗粒构成，结构比较松散，表面看起来是花纹，而看不到明显的晶粒。注意，这里的分类不是地质学上的分类，而是商品的习惯性分类。

天然石材台面属传统材料，优点是价格便宜，坚硬耐磨，可以直接在上面切菜，也可以直接将很烫的锅放在上面。花岗石还具有很好的抗菌能力。从某种角度上讲，天然石材所具有的天然的纹理让它看起来更有自然朴实之美。

天然石材的缺点也很明显：

（1）天然石材的长度有限，不能做成整体台面，需要两块拼接，而接缝处很难处理。目前主要是用玻璃胶填充接缝，玻璃胶的不稳定性会导致一些弊端，例如发霉。

（2）由于天然石材表面有微小的孔，长期使用后会吸附色素、油污，从而变色，并且用久了会黏手。

（3）天然石材比较重，需要结实的橱柜支撑。

（4）天然石材弹性不足，如遇重击会有裂缝，很难修补。另外，天然石材本身所具有的一些看不见的裂纹，遇温度急剧变化也会开裂。同时，天然石材比较硬，很难做造型。

正因为以上缺点，许多设计师建议使用人造石台面。当然，选天然石材还是人造石材，这是个见仁见智的问题，关键在于使用者的喜好和实际情况。

选购技巧

1. 一观二听三试

一观，即肉眼观察天然石材的表面结构。优质的天然石材结构均匀，具有细腻的质感，没有细微裂缝、缺棱角现象。

二听，敲击石材，质量好的天然石材其声音清脆悦耳；若敲击声粗哑，则说明天然石材内部存在细小裂缝或因风化导致颗粒间接触变松，不是好石材。

三试，在天然石材的背面滴一小滴墨水，如果墨水很快四处分散浸入，则表明天然石材内部颗粒松动或存在缝隙，石材质量不好；若墨水滴在原地不动，则说明石材紧密，质地好（这一点和瓷砖很相似）。

2. 选择低价石材

对于天然石材，人们一直有个误解，就是认为天然石材的辐射大。其实天然石材本身的放射性极小，之所以出现放射性问题，主要在于染色工艺。而染色无外乎是为了提高石材的身价。因此，大家在购买石材时不妨购买低价石材，这样不但省钱还有利于健康。

3. 看放射性标准是否达标

我国在2000年出台的《建筑材料放射性卫生防护标准》中把天然石材分为A、B、C三类，家庭装修用到的多数是A类石材，非常安全。一般来说，只要没有买到假货，天然石材就是安全的。很多人误以为颜色越暗的天然石材辐射越强，其实，有问题的往往是那些颜色鲜艳的石材，它们可能是被染色的。

4. 学会辨别染色石材

人工染色是很多商家提高天然石材售价的重要手段，前面多次提到，染色石材的辐射更强。同时，染色石材往往材质较差，过一段时间后还会掉色。大家可以通过以下方式加以辨别：

一看色彩。染色石材颜色艳丽，但不自然，没有色差。

二看断面。染色石材因为经过了浸泡，所以整个断面都是有颜色的，在板材的切口处可明显看到有染色渗透的层次，即表面染色深，中间浅。

三看色泽。染色石材的光泽度一般都低于天然石材。有些商人为了让染色石材看起来有光泽，会在石材表面涂机油、涂膜或者涂蜡，可以用下面的方法辨别：涂机油的染色石材背面有油渍感；涂膜的则因为膜的强度不够，易磨损，对着光看有划痕；涂蜡的则用火烘烤，表面即失去光泽现出原面目。

四看孔隙。染色石材的石质一般非常松散、孔隙大、吸水率高，用硬物敲击时，声音发闷。

人造石台面——物美价廉的主流产品

购买档案

关键词：树脂板，亚克力板，人造石英石，无缝拼接

重要性指数：★★★★★

选购要点：认准品牌，防止亚克力板做假，学会辨别纯亚克力板和普通树脂板，拼接缝隙不能太明显，环保达标

人造石是目前的主流台面用材，由天然矿石粉、高性能树脂和天然颜料经过真空浇铸或模压成型，是一种高分子复合材料。目前常见的用于橱柜台面的人造石有普通树脂板、亚克力板、复合亚克力板以及人造石英石。其中亚克力人造石由美国杜邦公司率先开发，环保卫生性能最好，对人体健康无任何影响，可以用它制作假牙。普通树脂板强度好；复合亚克力板的性能介于树脂板和亚克力板之间，而且价格适中，属中高层消费。

比起天然石材，除人造石英石外，树脂板、亚克力板和复合亚克力板都可任意

长度无缝粘接，两块板粘接打磨后，浑然一体。这种无缝拼接的特点更符合现代的整体式潮流。此外，人造石台面表面没有孔隙，抗污力强；其耐磨、耐酸、抗冲击等功能也很强。好的纯亚克力台面的优点尤其突出，可以做到绝对防渗、无缝拼接、任意造型，它的韧性非常好，基本上不会发生断裂等现象。

绚丽多彩的人造石

人造石台面的缺点是，不能承受太高的温度，质地偏软，容易划伤。但这些缺点并不影响人造石台面成为最值得推荐的台面。

目前市场上的人造石品牌非常多，价格从每米几百元到几千元不等。价格的差异主要取决于人造石中树脂和颜料的品质以及配方技术：树脂决定着产品的最终性能，如硬度、耐磨性、强度；配方技术决定使用什么树脂、使用多少树脂以及添加什么样的功能性助剂；颜料的环保性决定了人造石的无毒害性，是保证人造石台面可直接与食物接触的主要因素。

因此，选购人造石面板也应该围绕这几点进行。

选购技巧

1. 辨别纯亚克力板与普通树脂板

比较好的人造石台面的主要成分是树脂、氢氧化铝粉和颜料，不含石灰粉。如果用于调和的树脂全是亚克力，而且总量约占总材料的40%，这样的板材就是纯亚克力板，亚克力含量不到40%的都叫复合亚克力。人造石中，亚克力的含量越高，板材质量越好，价格也越高。目前国产的人造石大多都是复合亚克力板，有些厂家宣称自己生产的台面中含40%的亚克力则纯属炒作，多数是用普通树脂板仿冒的。

虽然有很多识别纯亚克力板的方法，但事实上，肉眼是很难辨别纯亚克力板与复合亚克力板的，所以，最保险的方法是认准品牌购买。

此外，大家可以用下面的方法鉴别亚克力台面和普通树脂板：

（1）将一小块人造石板浸泡在开水中，3min后取出，亚克力板无异味，树脂板则有异味。

（2）树脂板里含有石灰粉，在水泥地上能像粉笔一样写出字，摩擦一会儿会有臭味。亚克力板则没有。

（3）用砂纸把板材表面的蜡打磨掉，滴一滴酱油，静置半小时后擦掉。亚克力板不会留下痕迹，而树脂板则有明显的污渍。

（4）将样块盖住半边，在阳光下暴晒50min，亚克力板无明显变化，树脂板则会变色。

（5）用电锯加工板材时，亚克力板出现的是雪花状碎片，树脂板则是粉末飞扬，而且味道刺鼻。

2. 从四个方面鉴定人造石的优劣

（1）看光滑度。在充足的光线下以45°角仔细看外观，优质产品颗粒均匀，无毛细孔，而劣质产品则颗粒不均匀，有毛细孔。

（2）看色泽。在充足的光线下用肉眼观察，优质产品颜色纯正、细腻、晶莹；劣质产品因掺有碳酸钙或重金属，看起来灰暗、不细腻，摸起来发涩。

（3）看耐腐蚀性。将食醋滴到台面上，24h后观察其变化，优质产品是不受日用化学品、食用醋侵蚀影响的，而劣质产品则做不到。

（4）看耐污性。在台面上滴一滴墨水，或者用口红、马克笔画一道，优质产品很容易除去，劣质产品则容易渗入，不易去除。

3. 人造石英石台面的选购要点

比起其他三种人造石，人造石英石在外观上非常像天然石，不怕划、不怕高温，优质的石英石抗渗性也很强。但是，它最大的缺点是无法无缝拼接，需要用胶，但是拼接效果比天然石好很多。同时，人造石英石硬度高，不易做造型。好的人造石英石台面的价格也不低。

鉴定人造石英石台面的优劣可以用下面几个办法：

（1）看硬度。硬度是人造石英石品质最直观的表现，大家在选购时可以用钢制钥匙等硬物在样品正反面用力划，假如人造石英石台面没有划痕，说明质量过关。

（2）闻一下味道。好的人造石英石台面不会有刺激性气味，如果有刺激性气味则说明板材中用了含甲醛的胶水，这种台面再廉价也不能选。

（3）看表面质量。优质板材的颜色、颗粒均匀，表面不应该有气孔；加工面、切割面的上下沿不应该有切割崩裂口。

（4）看耐磨性。用200目以下砂纸打磨台面表面，容易掉落粉末的为质量不好的材质。

（5）看拼接缝隙。人造石英石台面没法无缝拼接，但是不应该有明显的缝隙，否则就是不好的产品。

橱柜台面除了天然石材的和人造石材的以外，还有防火板台面、不锈钢台面以及瓷砖台面等。

防火板台面也称耐火板台面，虽然它不是主流台面，但也有一些家庭选用。目前市场上使用于橱柜台面的防火板以进口为主，价格适中。防火板色泽鲜艳，耐磨、耐刮、耐高温性能都较好，看起来很好看。但是，防火板台面防潮性能差，使用不当会导致脱胶、变形、基材膨胀等严重后果。对于做饭频繁的中国家庭，它不是最佳选择。

　　不锈钢台面一般是在高密度防火板表面加一层薄不锈钢板，它光洁明亮，坚固，易清洗，实用性较强。但感官上比较硬，容易划伤、受腐蚀，不容易做造型，不太适用于管道交叉的民用厨房。

　　瓷砖台面比较老式，新式家庭不多采用。

厨房水槽——实用性第一，装饰性第二

购买档案

关键词：台上盆，台下盆，台中盆，外形

重要性指数：★★★★★

选购要点：选择最适合你的材质，安装工艺要到位，选择最实用的外形

　　水槽是厨房里使用频率最高、使用时间最长的物件，对下厨的主人心情影响最大，堪称厨房的"心脏"。所以，装修时挑选水槽非常重要。

　　选购水槽重点在于两点，一是材质，二是样式。

　　常见的水槽材质有不锈钢、人造石、陶瓷、石材制品和铸铁水槽等，具体要依主人的喜好与厨房的整体风格而定。

　　常见水槽的样式有两种：单盆和双盆。其造型也是层出不穷，方形、圆形、异形，不一而足。人们最常选择一大一小的双盆，具体情况还要看使用者的实际情况，比如是追求实用还是时尚。

选购技巧

1. 不锈钢水槽的选购要点

　　不锈钢水槽是绝大多数家庭的首选，大家看中的是它易于清洗、重量轻、耐腐蚀、耐高温、耐潮湿等优点。同时，不锈钢材质所具有的金属质感颇具现代气息，可以百搭。

　　选择不锈钢水槽时要重点关注下面几点：

　　（1）判断是不是不锈钢。不锈钢的重要特点就是不生锈。大家在选购不锈钢水槽时，不妨带一块磁铁吸一下，不锈钢是没有吸磁性的。

（2）选择合适的加工工艺和表面处理工艺。

首先，不锈钢的加工工艺主要有冷拉伸工艺、磨砂工艺、精密细压花纹工艺。采用冷拉伸工艺铸造的不锈钢水槽不需要涂层，坚韧耐用，并且常用常新，价格也最低。后两种工艺克服了有水痕和易划伤的缺点，而且具有良好的吸音性，外观更胜一筹，价格相对也偏高。

对于中国家庭来说，建议首选经过多次抛光的冷拉伸工艺不锈钢；其次是精密细压纹的，因为它比普通抛光表面更耐刮磨；最后是磨砂工艺的，因为磨砂涂层如果脱落了，盆体将很快被腐蚀，这种工艺更适合外国人使用。

其次，考虑不锈钢的表面处理工艺也很重要：高光的光洁度高，但容易刮花；砂光的耐磨损，却易聚集污垢。建议大家选择亚光的，它既有高光的亮泽度，也具有砂光的耐久性。

（3）看钢板的厚度。优质水槽采用进口304不锈钢钢板，厚度达到1mm，普通的中低档水槽也要达到0.5~0.7mm。选购的时候多比较几款，轻飘飘的自然用量不足。另外，越厚的板材表面越容易拉平整。

（4）看水槽成型工艺。水槽最好的成型工艺是一体成型，这种工艺因为不需要焊接，避免了焊缝部分被腐蚀而渗漏的问题。同时，一体成型工艺对钢板材质要求很高，能够采取这种工艺的水槽，其材质也不会差。另外，水槽内边角越接近90°越好，这说明水槽的内容积较大。

（5）看防噪处理。优质水槽的底部喷涂或粘有不易脱落的橡胶片，可减少水龙头出水时对盆底冲击造成的响声。没有这项工艺或者粗制滥造的，就算不得优质产品。

（6）看配套部件。水槽的重要部件是落水管，要保证管壁够厚，处理光滑，不漏水，同时还要具有安装容易、防臭、耐热、耐老化等性能。

2. 其他材质水槽的选购要点

（1）人造石水槽。目前市面上的人造石水槽主要有人造花岗岩材质和亚克力材质的，相对而言，人造石水槽的颜色款式多样，尤其是亚克力水槽非常时髦，耐腐蚀，可塑性强，还具有一定的吸音功能，与不锈钢水槽的金属质感相比，它更加温和。不过，人造石不如不锈钢坚硬，被刀具或硬物磕碰后容易留下划痕，也比不锈钢难保养，每次使用后都需要立刻清洁，否则就很容易形成顽固的污渍。

对于经常做饭又追求时尚的家庭来说，人造石水槽是最合适的选择。

（2）陶瓷水槽。陶瓷水槽的最大缺点是比较重，橱柜台面要能够提供足够的支撑力，安装时要加固。另外，如果使用了吸水率高的劣质陶瓷，则可能会因为水渗入陶瓷而使陶瓷表面的釉层受涨龟裂。因此，选择陶瓷水槽时，一是要确保橱柜能够支撑，二是要选择釉面光洁度高、吸水率低的产品。光洁度高的产品，颜色纯正，不易挂脏，易清洁。关于吸水率的验证可以参考瓷砖的相关内容。

除以上几种常用材质，市场上还有铸铁、珐琅钢板、精拉丝等高档材质水槽，它们的优点突点，但是价格相对昂贵，市场上的数量也比较少，对于消费者来说，选购的要点集中在经济状况。

3. 看水槽的安装方法

水槽的安装方式一般有台上盆、台中盆和台下盆。台上盆就是水槽高出台面一些，安装简便，只要在台面上开孔即可。台中盆是把水槽和台面做在一个平面上，这种安装方法目前基本很少用了。台下盆就是将水槽装在台面下，这样就很容易把台面的水抹到水槽内。

从理论上讲，台上盆安装简便，不需要用胶，只需要用专用的卡子（挂钩）和加密封条固定即可，好修好换，但是清洁起来比较麻烦，四周都要擦洗。台中盆容易清洁，安装相对简单，但是如果边沿打磨得不够精准，容易藏污纳垢。而台下盆美观，但安装时需要用胶，一方面不环保，另一方面，如果底部不用支架支撑，时间长了就可能脱落。另外，台下盆的维修和更换也很麻烦，弄不好可能连台面都要废了。

如果你特别喜欢台下盆，一定要注意严格检查安装质量，或者选择与台面一体的水槽。

从左至右依次是：台上盆，台中盆，台下盆

4. 挑选合适的水槽外形

厨房水槽的形状常见的有圆形、长方形和异形槽等，从数量上讲，有单槽和双槽。对于常做饭的家庭来说，选购水槽时，实用性要大于装饰性。一方面尺寸要够，另一方面还要考虑水槽占据橱柜的空间以及在厨房中相对于准备区和烹饪区的位置布局。

水龙头——选购要用心，防止铅中毒

购买档案

关键词：铜质水龙头，不锈钢水龙头，铅超标

重要性指数：★★★★★

选购要点：含铅量要达标，密封性要好

水龙头是厨房、卫生间中使用非常频繁的部件，也是最容易出问题的部件。如果使用劣质水龙头，很快就会出现漏水，甚至腐蚀、掉色等问题。除了实用性，水龙头的装饰性也不容小觑，一个好看的水龙头往往能够为家居增色不少。

说起来，水龙头因为直接与水接触，对人体健康的影响极大。然而，现实中，大家在选购水龙头时更关注其外形和价格，却严重忽略了它的安全性。有调查显示，近九成的消费者不曾关注家里水龙头的含铅量，这是非常危险的事。有多危险呢？下面用一个数据来说明问题：

2013年，上海电视台曾对13个水龙头样品进行检测实验，发现其中9个品牌的水龙头浸泡的水铅含量超过了国家标准。其中最严重的铅析出量超标34倍之多。铅超标的水龙头会对饮用水造成二次污染，如果铅在人体中的含量累积超过100mg/L即可造成铅中毒。铅中毒严重者可导致头晕、智力下降甚至死亡，轻者也会造成头痛、反应迟钝、多动症等。更严重的是，铅对人体的危害是不可逆的，特别是对肝肾功能的损害是最致命的。

综上所述，水龙头是自来水流进千家万户的重要通道，水龙头的质量与人们的用水安全息息相关。所以，大家在选购水龙头时，一定要谨慎。

选购技巧

1. 理性选价格

水龙头的价格每只从十几元到数千元都有，越贵的产品质量也越好。选什么价位的产品是一个非常个性化的问题。从经济的角度来说，花好几倍的价格去买"永不泄漏"的产品并不合算，还不如买价格适中的更划算。但是，如果你特别痴迷于水龙头的品质，花高价买水龙头也无可厚非。

2. 众多材质中，全铜和不锈钢产品是最佳选择

目前市面上的水龙头大多以铁、铜、不锈钢、铝合金、塑料等为主要材质，其中，塑料、铝合金的价格较便宜，但是不结实，多用于低档产品；铸铁产品则因为易生锈、漏水、易污染而被淘汰。建议大家在购买水龙头时，在全铜和不锈钢产品之间选择。

3. 全铜水龙头与不锈钢水龙头中，全铜是最佳选择

从综合性能上看，全铜产品比不锈钢产品更具优越性。具体来说，全铜水龙头技术成熟，造型更多，具有抗磨、抗腐蚀、耐酸碱、易加工、抗菌、抑菌等性能，这些性能均优于不锈钢水龙头。铜被认为是制造水龙头的最佳材料，国内外90%以上的高档水龙头都是铜制的。

相比较而言，不锈钢水龙头在国内是一个新兴的产品，所占市场份额较小。它的显著弱点是不易加工，造型少，价格高。由于国内技术尚不成熟，因此国产中高档品牌通常不生产不锈钢水龙头，只有一些中低档品牌会有不锈钢水龙头。

由上可知，无论是从价格还是质量上来看，铜水龙头都是最佳选择。当然，不

锈钢水龙头既然存在，就有一定的合理性。大家在购买时，应该视经济状况和具体的产品而定。

4. 铜水龙头也要选择材质

有卫浴业内人士曝光，市场上目前宣称的全铜水龙头都是铅黄铜，更有甚者采用黄杂铜。也就是说，目前市场上宣称的全铜水龙头都含有铅。因此，大家在选择全铜水龙头时要问清楚材质，最好选择口碑较好的品牌，尽可能保证铅含量达标。同时，近年来无铅（低铅）铜已经被广泛使用，选购水龙头时尽可能选择无铅铜制造的。

5. 利用种种选购手法，选到含铅量低的水龙头

既然目前市场上的铜水龙头都或多或少地含有铅，那么，大家在选购时就要通过种种办法，尽量选到含铅量低的产品。

（1）选择卫浴知名品牌，因为品牌厂家有一套严格的品质控制程序，同时，品牌产品都要经过国家质量认证，原材料和工艺都比较有保障，产品出现问题后更容易维权。

大家在购买时要仔细查看标记。一般正规商品均有生产厂家的品牌标志，非正规产品或一些质次的产品往往仅粘贴一些纸质的标签，产品上甚至没有任何标记。另外，还要看看有没有中国质量认证中心（CQC）安全产品认证书和标志。

（2）向经销商询问水龙头所使用的材料。

（3）亲自动手检查水龙头的质量：

第一步，用眼睛观察水龙头内表面是否光滑明亮，用手触摸其内表面看是否有光滑感，如果表面粗糙，则坚决不买。

第二步，转动把柄，优质水龙头在转动时，水龙头与开关之间没有过大的间隙，而且关开轻松无阻，不打滑；劣质水龙头不仅间隙大，受阻感也大。

第三步，敲打水龙头，优质水龙头是整体浇铸铜，敲打起来声音沉闷。如果声音很脆，则可能是不锈钢的，质量要差一个档次。

如果水龙头长时间没有通水，则在使用前要放掉置留在水龙头中的水，以减少污染。

坐便器——一定不能用劣质的

购买档案

关键词：坐便器癣，釉面，铜配件，甲醛，连体式，分体式

重要性指数：★★★★★

选购要点：选购高档产品，仔细检查釉面、配件以及款式，试坐

对于坐便器的选购，编者只有一个建议：千万不能买劣质货。劣质坐便器是能省不少钱，但会引来一堆麻烦，有些麻烦多数人可能根本不知道，例如坐便器癣。下面用一个案例来解释这个名词：

小王搬进新家不久，忽然患上了一种令人尴尬的病——臀部发痒。为此，小王跑了好几家医院，用了不少药膏，不但无济于事，病情还越来越严重，臀部出现了一个环形的丘疹带，并开始脱皮，奇痒难耐。最后，小王的病终于在一家大型医院得到确诊。令小王哭笑不得的是，让自己寝食难安的怪病原来是由坐便器引起的过敏反应，官名叫"坐便器癣"。

上面这个案例引出了劣质坐便器的第一个致命缺陷：环保不达标。

低档坐便器或多或少含有甲醛，与之配套的坐便器圈都是塑料或者是橡胶制成的，如果业主不使用坐便器垫而是直接接触坐便器，很容易导致臀部过敏，引发"坐便器癣"。

除了材料的环保性，劣质坐便器与优质坐便器在其他方面的差别也非常大。

首先是釉面。高档坐便器由高温烧制而成，能够达到全瓷化，吸水率也很低，所以容易刷洗且不容易吸附污垢、产生异味；相反，一些中低档的坐便器釉面不密，吸水率很高，当吸进了污水后很容易发出难闻气味，且很难清洗，使用一两年后就会变色，还会发生龟裂和漏水的现象。

其次是冲水力。高档坐便器通常采用自吸式的冲水方式，中低档坐便器通常采取冲刷式冲洗方式。自吸式冲水方式的效果比冲刷式的要好很多。高档坐便器虽然价格贵一些，但足可以用省下来的水费来弥补。

再次是配件的寿命。很明显，高档坐便器的配件比中低档的耐用得多。

鉴于劣质坐便器隐患多多，再加上坐便器毕竟不是装修投资的大头，建议大家还是去品牌店买个好坐便器。

 选购技巧

1. 不要贪便宜，能选高档的就选高档的

除非你只是短时间使用，否则，一定不要买太便宜的坐便器。就坐便器而言，确实是越贵越好。

对于选哪种档次的坐便器，编者认为，选购坐便器等洁具应该本着节约的原则，如果资金有限，不必刻意追求昂贵的进口名牌，很多国产品牌质量也很好，而且价格比进口的便宜很多。但是，如果装修预算有节余，那么还是应该提高洁具的档次。

2. 检查釉面和外形

选坐便器的时候，首先要观察坐便器表面的釉面是否光滑，然后把手伸到坐便器的排污孔里，摸一下那里的釉面怎么样，不好的坐便器里面连釉都不会上。

用手轻轻敲击坐便器，好坐便器的声音听起来清脆响亮，如果声音沙哑，说明

这个坐便器可能有内裂，或是产品没有烧熟，致密性不好，不能购买。另外，好的坐便器外形不能有变形、开裂等缺陷。

3. 检查配件

打开坐便器水箱盖，检查里面的零件。按一下抽水按钮，试一下手感。好坐便器的配件都是铜的，用二三十年不会滴、跑、漏。如果坐便器的配件都是塑料件，那么还是不要选了。

4. 看样式

建议大家选择连体式坐便器，分体式坐便器容易漏水。

5. 检查节水性能

判断坐便器是否节水，不是看水箱的大小，而是要看冲排水系统和水箱配件的设计是否合理。一般坐便器都应标明冲水量，购买时可向商家索取国家有关部门颁发的检测报告，是否节水应以报告为准。通常情况下，6 L以下的冲水量可列为节水型坐便器。

6. 试坐

选购坐便器的时候，一定要坐上去试试，不要不好意思，因为这很重要。很多坐便器虽然看上去很舒服，其实坐着很难受。比如，坐便器圈太窄，或者坐便器的承重位置正好在麻筋上，这些问题都会影响使用时的舒适度，一定要在买回家之前试坐。

地漏——质量好才能挡得住熏天臭气

购买档案

关键词：水封，下水管粗细程度，防腐蚀，防堵塞
重要性指数：★★★★★
选购要点：选择封水多的，下水管要足够粗，要具备防腐、防堵功能

卫生间下水道返臭味儿估计是业主们最头痛的事情之一，尤其是夏天，那股恶臭让人深恶痛绝。如何阻绝下水道返上来的臭味儿，重中之重就是挑选优质的地漏和下水管。

 选购技巧

1. 防返味设计最重要

地漏的防臭方式主要有三种：水封防臭、密封防臭和三防。水封防臭是最传统也最常用的方式，它主要是靠下水管弯管处的存水把臭气挡住。密封防臭是指在漂浮盖上加一个上盖，将地漏体密闭起来以防止臭气扩散，这种地漏的优点是外观现

代前卫，缺点是每次使用时都要弯腰去掀盖子，比较麻烦。市场上有一种改良的密封式地漏，在上盖下装有弹簧，可以直接脚踏上盖使盖弹起，不用时再踏回去，相对方便多了。三防地漏是迄今为止最先进的防臭地漏。它在地漏体下端排水管处安装了一个小漂浮球，利用下水管道里的水压和气压将小球顶住，使其和地漏口完全闭合，从而起到防臭、防虫、防溢水的作用。

不同的地漏其价格也不尽相同，大家可以根据自己的喜好购买。必须强调的是，如果选择水封性地漏，一定要选弯管处存水多的，如果存水过少，水挥发干了以后又会返味。

2. 选择下水管比较粗且防堵塞的地漏

下水管过细就会减缓下水速度，所以不能选下水管太细的。此外，卫生间的下水难免混着头发之类的杂物，所以地漏要选择防堵塞的。同时还要选择可以取出来的地漏，否则堵塞后清理起来很麻烦。

3. 地漏的防腐蚀性要好

好的地漏要能防腐蚀，一般选铜制的最好，不锈钢的次之。

4. 在装修前确定地漏尺寸

开发商在交房时，预留的排水孔都比较大，需要装修人员予以修整。许多业主是根据修整后排水口的尺寸去选购地漏的，而市场上的地漏都是标准尺寸，所以难免发生选不到满意产品的情况。正确的做法是，提前选定地漏，然后根据地漏的尺寸去修整排水口。

5. 多通道地漏的进水口不宜过多

多通道地漏就是指一个地漏本体有一个以上的进水口，可以同时承接洗脸盆、洗衣机和地面排水等设备的排水，这种设计会影响地漏的排水量。因此，如果选择多通道地漏，进水口不应过多，有两个即可满足需要。

多通道地漏（洗衣机地漏）

特别提醒　洗脸盆的下水管也要注意防臭。洗脸盆下水管的防臭作用丝毫不亚于地漏，所以，大家在购买洗脸盆时，一定要购买优质的下水管。能够防臭的下水管是U形管道，带有存水弯，可以起到密封、隔绝臭气的作用。与地漏相同，优质的U形下水管道应该具有封水多、耐腐蚀的特点。而便宜的直管或者劣质水管，不但对下水道返臭味毫无作用，还可能产生小飞虫。

如果长时间不用洗脸盆，应定期往下水管中注水，起到阻隔臭味的作用。

卫浴五金件——防腐蚀最重要

购买档案

关键词：不锈钢，铜镀铬，铝合金，防腐，承重，质感

重要性指数：★★★★★

选购要点：防腐、防锈放在第一位，要有足够的承重力，要有一定的质感才显得
有档次

卫生间是家居中的重要场所，使用非常频繁，损耗自然也很大。所以，这里的一切都要用好的。这其中就包括五金件。

卫生间中的五金件包括毛巾杆、毛巾环、浴巾杆、角架、装饰镜等，这些东西如果锈蚀了非常难看；如果坏了，自己无法重新安装，只能请专业人士；尺寸如果不合适，还得重新打孔。

选购技巧

卫浴五金件的好坏，关键在于材质。所以，它们的选择也主要围绕材质展开。下面介绍一下目前市面上流行的材质的选购方法。

1. 不锈钢制品要防造假

浴室是潮湿度高、酸碱溶液使用比较多的地方，所以，硬度好、耐磨损、不生锈的不锈钢制品是最佳的选择。不过，由于不锈钢件难以做造型和焊接，所以其样式比较单一，种类也偏少，没有太多的选购余地。

切记，要选择好的不锈钢制品，劣质不锈钢依然会生锈。关于不锈钢的鉴定方法，本书前文已多次提及，在此不再赘述。

2. 铜镀铬的镀层要够厚

铜镀铬是目前卫浴五金件的最常用材质，这种材质所制造的产品一般分空心和实心两种，其中实心的更耐用一些，价格也更贵。

选择铜镀铬制品的关键是镀铬层的质量。优质产品都是多层镀铬，而劣质产品的镀铬层往往很薄，镀层很容易脱落，导致表面产生斑点，很难看。也有人认为，铜镀铬产品是卫浴五金件的最佳选择，业主可以依据自己的喜好选择。

3. 铝合金产品

铝合金产品的最大缺点就是不结实，拿着就轻飘飘的，而且容易变形。虽然现在铝合金卫浴大行其道，但还是不建议大家购买。毕竟对于卫浴产品，经久耐用才是硬道理。

当然，优质的铝合金产品也不是那么脆弱，防腐蚀性能也不比不锈钢的差，如

果喜欢，也可以选择，但是一定要选择质量好的。

4. 通过五金件与墙体的连接部分，查看卫浴配件的材质

五金件和墙体连接的部位一般不会进行表面处理，从这里可以看到其所用的真正材质。另外，掂一下重量也有助于判断，不要选太轻的。

> 更换五金件时，为了不在墙砖上重新打眼，尽量买与旧件一样规格尺寸的产品，这样业主自己就可以更换了。

第7章　软装修材料这样买

定制家具——个性化强，但价格高

购买档案

关键词：一分价钱一分货，违约赔偿，材质级别，成品质量，安装质量

重要性指数：★★★★★

选购要点：不多花冤枉钱也不可贪便宜，材质、违约条例都要与商家详细约定，仔细检查成品，严格监督安装

定制家具是相对于成品家具而言的。成品家具的设计相对大众化，很难满足追求个性化的消费者，同时，尺寸或格调也难免与房屋空间不符。在这种情况下，为消费者量身定做的定制家具出现了，整体衣柜、整体书柜、步入式衣帽间、入墙衣柜、整体家具等多种产品均属于定制家具范畴。

定制家具可以充分利用家居空间，并且可以完全根据主人的实际情况来设计，无论从外观还是实用性上都能充分体现个性化需求，所以，定制加工衣柜等大件家具逐渐成为潮流趋势。

当然，比起成品家具，定制家具的价格也较高。从省钱的角度看，买成品家具更划算。

购买定制家具最大的风险就是订购时无法完全预见成品的状态，所以在确定设计方案的时候一定要仔细斟酌。

 选购技巧

1. 货比三家，但不可贪便宜

由于定制家具无法在交预付款时看到最终的成品，所以消费者在选择定制家具时，一定要货比三家，不要因贪图便宜买回了劣质产品。劣质的定制家具从表面上可能看不出什么毛病，使用一段时间后便会体验到"一分价钱一分货"的道理。

品牌家具通常都有产品展示厅，大家一定要多转几家，多听听销售人员的介绍，经多方对比后再确定选哪一个厂家。

2. 合同中要写清楚板材的环保级别

定制家具往往使用人造板材，人造板材最容易出的问题就是环保问题。大家在签合同时，一定要注明所用板材的环保级别（比如E1或者E2级）以及责任约定。

3. 仔细和设计师沟通，仔细看图纸

一般商家的设计师都会上门测量尺寸，然后结合业主的意愿做出设计图。很多

人不重视与设计师的沟通，草草签字、交钱，等到家具完工了才发现有不如意的地方，但为时已晚了，因为定制产品一般是不予退换的。所以，消费者在交付定金前一定要仔细看设计图，不清楚的地方要让设计师解释一下，有不合适的地方一定要改，不要觉得老让设计师改来改去不好意思，要知道，你才是这套家具的使用者。

4. 在交付定金前一定要问清楚计价方式

定制家具的板材和五金是分别计费的，在产品图纸和价格清单没出来之前不要急着交付定金。图纸和清单都应该作为合同的附件，清单中要一一注明板材和五金配件等的品牌和型号。

5. 签订有利的违约条款

定制产品通常都有一个生产期，合同中不仅要注明交货期，还要有违约责任约定。为了防止商家无限期延长交货期，合同中的违约赔偿要有利于消费者。很多时候商家的约定是每违约一天，支付合同款的0.1%给业主。如果只晚一两天，对业主影响不会太大，但拖的时间太长就不利于消费者了。所以在合同中最好制订递增的违约责任赔偿，比如，违约一周内是一个违约金比例，超过一周后就有更大的赔付责任，依次类推。

6. 检查成品的质量以及安装质量

定制家具完工后，商家一般都到业主家中进行最后的组装，这时候有些地方需要特别注意：

（1）安装前，要仔细检查所用板材与配件是否与约定一致，闻一下板材是否有刺激性味道，板材封边等加工质量是否合格。如果发现问题，应该立即要求退换。如果等安装后再发现问题，退换就相对麻烦了。

（2）安装完成后，仔细检查五金配件是否安装牢固。比如有些工人在安装抽屉的导轨等五金部件时，为了省事而只安装部分螺钉，这样轨道的耐用度肯定降低，必须要求他们全部安装。

（3）检查家具背板是否有防虫防腐蚀处理，这一点非常重要。

特别提醒 定制家具的内部隔板尽量做成可移动的，这样，在外形不能改变的前提下，内部可以随意组合。这一点非常实用。

板式家具——经济实惠可拆卸

购买档案

关键词：拆装方便，经济实惠

重要性指数：★★★★★

选购要点：选择存在时间长的品牌，板材环保要达标，五金件要优质，尺寸要合理，封边处理等要到位板式家具是家具行业大力发展的品种，它是以各种板材为主要基材、以板件为基本结构的拆装组合式家具。

板式家具所用的材料繁多，早年间多用实木，现在则多用人造板材，常见的人造板材有胶合板、细木工板、刨花板、中密度纤维板等。此外，塑料、玻璃、纺织物、皮革、金属等也被大量应用在板式家具上。

板式家具的优点非常明显：拆装方便、造型富于变化、色彩多样，远比实木家具实用。相对于实木家具而言，板式家具的板材打破了木材原有的物理结构，所以在温度、湿度变化较大的环境下，变形、开裂、虫蛀等风险要小得多。同时，人造板材基本用的都是木材的边角余料，无形中保护了有限的自然资源。

需要指出的是，板式家具比实木家具便宜是有前提的。一些做工优良、样式新颖的进口板式家具价格可能远远超过做工粗糙的实木家具价格。

板式家具的缺点在于环保上，其甲醛含量比实木家具要高，这是由人造板造成的。

选购技巧

1. 购买存活时间较长的品牌产品

板式家具的品牌很多，存在着产品同质化、价格体系混乱以及售后服务不细致等诸多问题。与此同时，市场变化也很快，许多品牌可能过不了多久就不存在了。能够存活下来的品牌，往往是更可靠、更经得起考验的。

2. 检查板材处理是否合格

人造板材是板式家具的主材，其最可能出现的问题是甲醛超标等环保问题，而板材不环保的重要原因是板材处理不到位，比如刨花板的贴面没有全包上，就会释放出甲醛。

环保不达标是非常严重的，消费者要从心理上重视这个问题，具体可从以下方面检查板材的处理。

（1）打开柜门或抽屉闻一下，如果有强烈的刺激性气味，则多属甲醛超标，不宜购买。

（2）仔细查看板材的装饰是否完整。对于粘胶工艺的板材要确保没有太明显的瑕疵。例如，饰面板要平整、无瑕疵；涂胶要均匀，黏结要牢固，板材边廓上摸不出黏结的痕迹；修边要平整光滑；门板、抽屉面板下口处等可视部位的端面要做封边处理，等等。总之，边边角角都要检查到。

（3）查看拼装是否牢固。拼装组合质量主要看钻孔处是否精致、整齐，连接件安装后是否牢固，各部件连接处有没有间隙，用手推动时有没有松动现象。

3. 看五金连接件

因为板式家具是可以随意拆装组合的，所以五金连接件的质量就十分重要，换

第1章 第2章 第3章 第4章 第5章 第6章 第7章 第8章 第9章 第10章 第11章 第12章

上篇 火眼金睛选家庭装修材料

下篇 装修完成后常会后悔的39件事

言之，五金连接件是检验板式家具的最直观的质量标准。五金件的制作精度要高，要求转动灵活、平稳，没有摩擦感，没有噪声。如果是金属件，要求转动灵巧，表面光滑，不能有锈迹、毛刺、电镀层剥落等现象。塑料件要造型美观，色彩鲜艳，使用中的着力部位要有力度和弹性，不能过于单薄。

一些高档板式家具的五金件是进口的，上面可以找到外文标志。

4. 看封边、贴面

封边质量在很大程度上会影响家具的质量，所以要仔细检查。良好的封边可以说明封边材料不会太差，同时也杜绝了板材中有害物质的释放。所谓封边良好，就是封边和整块板材严丝合缝，不能有不平、翘起现象。

贴面材料对家具档次影响很大，具体鉴定方法可参阅本书前文各类板材的相关内容。

5. 看尺寸大小

板式家具的主要尺寸都有国家标准，如无特殊要求，不应该有太大的出入。例如大衣柜内部挂衣柜的空间深度应大于等于530mm，桌类家具高度应为680~760mm，书柜层间净空高应为230~310mm等。大家在选购时，可以用尺子量一下。

板木结合的家具——实木家具的最佳替代品

购买档案

关键词：实木贴面，实木框架，刨花板，密度板，性价比

重要性指数：★★★★★

选购要点：环保合格，做工精良，国产家具的人造板推荐刨花板，进口品牌则推荐密度板

有时候家中的装修风格必须由实木家具来搭配，而纯实木家具不但价格昂贵，而且不好养护，这个时候，可以考虑购买板木结合的家具。

板木结合的家具是用刨花板或者密度板等人造板与实木（或实木贴面）相结合打制而成的。板木家具因为采用实木框架，更耐磨损和磕碰，所以其寿命在正常情况下比板式家具还高。

板木家具堪称科学地结合了实木和板材的优势。一方面，由于人造板比实木板的物理性质更稳定，所以弥补了实木家具易开裂、变形的缺陷；另一方面，实木或实木贴面让家具有了实木家具的外观，属于高性价比家具。例如在设计沙发、床这类承重要求高的家具时，板木家具在床腿、沙发边框等承重部位用实木，其他部位用人造板材，如此一来，既保证了家具的使用寿命，又减少了成本。再比如，设计

衣柜、书柜时，柜体用仿天然木纹的三聚氰胺双饰面刨花板，表面贴实木或者实木贴面，这样从外观看是实木柜子的观感，但价格却便宜很多，而且好打理。

如果你喜好实木的感觉，资金却显不足，不妨选择板木结合的家具。

 选购技巧

1. 分辨贴面板的材质

目前市场上出售的一些非实木贴面越来越逼真，但价格比实木贴面要便宜，一些不良商家为了挣钱，可能会在此造假。辨别实木贴面与非实木贴面的关键是看花纹，实木贴面的花纹没有特定的规律，人造花纹则有规律。具体分辨方法可以参见本书的板材部分。

2. 看实木的位置是否合理

如果是实木与人造板材结合的家具，则应看看哪些部位用的是实木，哪些部分用的是板材。一般情况下，家具承重部位和框架部位应该用实木，如床腿、桌腿、桌面、餐桌边、衣柜的框架上等，也可以用在比较显著的部位以展示实木的美感，如餐桌的桌面。

3. 识别人造板的材质

板木结合的家具中，常用的人造板有刨花板、中密度板，还有细木工板，板材不同，价格也有差异。一般来说，国产家具推荐刨花板加实木贴面的，进口品牌的密度板家具则是主流。辨别人造板材的最好方法是观察裸露了内部构造的地方，如合叶槽和打眼处，就可以看出是用了刨花板还是中密度板。

4. 检查环保性

首先，打开柜子或抽屉闻一下，优质家具一般会有木材本身的味道。如果闻到刺鼻或怪异的味道，这样的家具谨慎选购。其次，看人造板的封边是否全包上了，注意封边有没有不平整、翘起现象，看封边是否牢固，是否有瑕疵。

5. 看做工

一看家具连接处以及门缝、抽屉缝的间隙是否过大。板木家具由于是实木与板材结合，一般会采用木梢和三合一固定结构。在成品中，这些连接处有一点儿缝隙属于正常现象，但是如果缝隙过大，则说明做工粗糙，这样不但不好保持清洁卫生，时间长了还会变形。

二看色差。看实木部分与板材部分是否有明显色差，如果有，则说明实木表面的油漆工艺不到位。

三听声音。敲打家具的各个部分，检查实木与人造板材的使用比例。实木敲起来会发出较清脆的声音，而人造板材部分则声音低沉。

四看外观。用手触摸家具的表面，优质家具的表面应该光滑、细腻，让人感觉舒服。

五看稳固性。轻压柱角、抽屉或架子支撑等受力点，测试家具是否稳固。再用力压家具表面，优质家具不能有虚空不实、面板颤动的感觉。

6. 看油漆材质

询问商家油漆的种类。目前市场上的油漆有PU漆（聚氨酯漆）、PE漆（不饱和聚酯漆）、UV漆（光固化漆）、水性漆等。板木家具中最常用的是PU漆，这种漆耐黄变性能佳、附着力好、硬度高、光泽柔软细腻、耐热、阻燃、抗静电、耐磨性强、环保性好。

油漆涂饰效果可以从以下几个方面识别：透明度越高越好、手感越舒适越好、流平性越展越好、硬度越高越好（达到4H）、附着力越强越好。

特 别 提 醒　　　一般来讲，在使用相同实木树种的情况下，全实木家具的价格远高于板木结合家具的价格。但一些做工优良、样式新颖的板式家具价格也可能远远超过做工粗糙的实木家具价格。

实木家具——细节决定品质

购买档案

关键词：质量参差不齐，天然，环保

重要性指数：★ ★ ★ ★ ★

选购要点：不要被商家用仿实木家具蒙骗，含水率要合格，工艺要合格

比起人造板材家具，实木家具最大的优势是自然、环保。但是，其价格普遍比板式家具要贵。

在以前很长一段时间里，实木家具因为投资大、销量小、对生产设备和技术要求高等原因，被许多厂家拒之千里，因此，市场上活跃的实木品牌均为较有实力的老厂家，产品有保障，价格也实在。然而，近年来，不少通过板式生意赚到钱的商家盯上了实木家具。自此，卖实木家具的商家越来越多，相应地，为了打价格战，实木家具的质量也开始参差不齐。因此，大家在选购实木家具时一定要擦亮眼睛。

 选购技巧

1. 注意家具细节和工艺

实木家具的生产工艺直接决定了厂家的能力和实力。例如，现代风格直棱直角的实木家具对于工艺的要求不高，新入行的商家也能办到；而古典欧美风格的实木家具，线条变化多，对生产技术要求较高，只有老手才能把细节做到位。

2. 分辨纯实木和仿实木

市场上的实木家具有纯实木和仿实木之分。纯实木家具的所有用材都是实木的，包括面板、内芯、侧板等，不会使用其他任何形式的人造板。仿实木家具则是实木和人造板混用，人造板的外面贴一层厚薄不一的实木贴面，从外观上看木材的自然纹理、手感及色泽都和实木家具很像。

仿实木家具因为少用了纯木料，加工工艺也相对简单，所以价格比实木家具便宜很多，适合普通消费者。很多商家都宣称自己的仿实木家具是"纯实木"的，以此欺骗一些不懂行的消费者，这是不能容忍的。

区分实木家具和仿实木家具非常简单，方法如下：

（1）从远处看，如果家具表面有明显的拼接痕迹，基本可以判定是实木的。因为除了少数名贵的红木家具以外，多数实木家具是由许多块实木板材拼接而成的，这些痕迹叫做"实木指接缝"。在自然界找到大块的木材是非常困难的，如果真用整块的木板做家具，其价格也是惊人的。实木拼接不但大幅度降低了制作成本，也使整个板材的变形率降低了。

如果家具表面看不到指接缝，则可以判定是贴木皮的仿实木家具。所贴木皮一般是用一块原木旋切而成，是薄薄的一层。

（2）从近处看，实木板材的两面花纹和疤结是完全对应的。如一个柜门，正面是一种花纹，那么在柜门背面会有对应的花纹。再比如，如果正面有一个疤结，则另一面对应的位置必定有一模一样的疤结。而仿实木家具不具备这个特点。

（3）用手敲几下木面，实木制件的声音较清脆，而人造板则声音低沉。

（4）闻一下家具。多数实木带有树种的香气，松木有松脂味，柏木有淡香味，樟木有很明显的樟木味。但是，人造板则会有较浓的刺激性气味，尤其是柜门处或抽屉内，两者比较容易区分。

3. 看含水率

实木家具的最大缺陷是易变形，含水率是重要影响因素之一。对于成品家具，检查含水率很难，所以，大家一定要选择名牌厂家的产品。实木家具在制作前，木板要进行严格的干燥处理，使木材含水率保持在限定范围内。优秀的品牌厂家能够做到这点，而且售后服务有保障。

正规产品都必须经过含水率检测中心的检测，大家要事先检查厂家是否有相关合格证明。

此外，环境的温度、湿度变化也会改变木材的含水率，所以，实木家具在使用过程中要小心呵护，例如不能让阳光直射，安放环境不能过冷或过热，也不能过于干燥或潮湿。

4. 看工艺

选购实木家具时，漆膜的加工、榫结构的连接、家具稳固度等都是应多加注意的地方。鉴定方法参见上一节板木结合家具的相关内容。

知识延伸

藤制家具怎么选？

很多人喜欢藤制家具，但是由于藤制家具偏凉，另外，平时也要求环境保持一定的湿度，否则会因为缺少水分而断裂（这一点和木制品、竹制品很像），所以在北方并不太实用。当然，买几件做个点缀还是不错的。

选择藤制家具时要注意以下几点：

（1）不要买到仿制品。有些藤制家具其实是用塑料等材质仿制的，光看外表足以乱真。分辨真假藤的关键是看藤的断口处，塑料等制品的断口特别整齐，而藤的断口是毛糙的。

（2）选择藤条粗细均匀、色泽一致的产品。

（3）选择藤条韧性好的家具。大家可以在家具背面找出一小段伸出的藤条，用手拧一下，劣质藤条很容易就会断裂掉渣，好的藤条则不容易断。

特别提醒

以下是购买家具的几个共同注意要点。

（1）买家具不要人云亦云。选购家具时，不能看别人用着好看，或者展厅摆得好看就买，一定要考虑自己家的实际情况，例如尺寸是否合适，色调、风格是否搭配等。只有对的家具才能为家装加分。

（2）家具的环保性是第一位的。家具市面鱼龙混杂，一些不良商家采取合格板材和不合格板材混用的方法来降低成本，消费者一定要多留个心眼。

首先，尽量选择诚信的品牌产品。

其次，在展厅参观时重点考察那些看上去刚刚搬来的新样品，打开那些不常打开的地方，比如靠下面的抽屉，然后把脸凑过去，眨几下眼睛，看眼睛有没有刺激感，如果有，就说明该产品不环保。可以多试几个产品，只要有一个抽屉感觉不环保，那么这个商家的产品就不可选。

（3）到货验收不可马虎。无论多贵的产品、多好的品牌，都有可能出现问题，所以，当家具送到家的时候，必须尽可能仔细地验收。如果你没有验货，直接在收货单上签字确认，那么再出现问题，商家可就不会理你了。

如果验货时发现问题，千万不要因为已经付钱就委曲求全收下。只要有质量问题，你完全有权拒绝收货，要求商家换货甚至退款。

（4）可以购买样品。有时候购买样品也是不错的选择，它不但便宜，而且有害气体也散得差不多了，另外还避免了货不对版的情况。

（5）儿童家具要特别注意安全。首先，儿童家具不但板材等的用料要环保，表面涂层也要选不宜脱落、无毒害的，防止小孩啃、抠时弄到嘴里。

其次，儿童家具不能有尖锐的角。

沙发、床垫——舒服、环保都不可少

购买档案

关键词：品牌，环保，牢固度，舒适度，真皮沙发，布艺沙发

重要性指数：★★★★★

选购要点：选择信得过的品牌，一定要亲自试一试，选择牢固度高、舒适度好的产品

客厅是家的脸面，沙发则是客厅的灵魂，代表着一个家庭的氛围和品位。目前市场上沙发品种和样式五花八门。款式上，有简约的、现代的、欧式的、中式的等诸多式样；材料上，有真皮、布艺、实木、皮布木结合等诸多种类。

大家在逛市场时不能被迷花了眼，而是要心中有数。选择沙发，首先要考虑自己的预算，然后在预算范围内选择与自己家的装修风格相匹配的款式和材质。其次，也是最重要的，那就是坐着舒适。最后就是好打理。选对的，不选贵的，这才是选购沙发的最高标准。

 选购技巧

1. 尽量选择知名度、信誉高的品牌沙发

信誉好的品牌一般是消费者在长期使用中认同的，其质量的稳定性、使用的舒适度以及服务的专业性都相对有保障。

如何鉴别一个品牌的知名度和公司的实力呢？最直接的方法就是看这个品牌是否具有权威性的荣誉，比如中国驰名商标、国家认定企业技术中心、CNAS认证等（协会、民间组织的权威性相对较弱）。虽然这些称号不能确保万无一失，但是毕竟有一定的保障。

2. 亲自试坐

理想的沙发应当坐感舒适，起坐方便。所以，选购时要亲自坐上去体验一下。

（1）用手向左右推动沙发，再坐在沙发上使劲晃动，若感觉沙发有晃动或发出响声，则说明它的结构不牢固，不能选。

（2）坐一下，靠一下，躺一下，感觉沙发尺寸是否和你的"人形尺寸"相匹配。具体可以这么做：全身肌肉放松，双足着地，身体重心自然略向后倾，脊柱呈正常形态，感觉一下座位的高度、宽度以及沙发背的高度、倾角是否适合自己，听听有没有异响。沙发如若设计不合理，不仅会影响使用，还会影响到人的健康，因此选择一套自己坐着舒服的沙发是很重要的。

（3）好的沙发海绵，坐上去不应该是一下子陷下去，也不会是硬邦邦的，而是软而有力，人起来后能迅速恢复原样。

沙发一定要亲自坐一坐，靠一靠

3. 检查沙发的做工

（1）看沙发细节是否完美。例如沙发表面是否会起球、海绵是否有弹性、包布花纹是否拼接一致，缝纫针脚是否均匀平直和严密等。

（2）沙发坐垫一般都能打开，打开看看里面的海绵是否有杂质，闻闻有没有刺激性气味。

（3）如果可能，让销售人员打开沙发的外套，观察一下沙发的框架，选择用料结实的。如果框架是木结构的，应选择无糟朽、无虫蛀、无疤痕、不带树皮或木毛的光洁硬木制作的，并且料与料的衔接处不是用钉子钉的，而是以榫眼或刻口相互咬合，再用胶粘牢的。

（4）皮艺沙发看皮艺。上等好皮的皮面看起来应丰润光泽，无疤痕，肌理纹路细腻；用手指尖捏住一处往上拽一拽，手感应柔韧有力；人坐下去再站起来，沙发表面形成的皱纹应该能够消失或不明显。

（5）布艺沙发看包布和内容物。布艺沙发的座、背套最好选择活套，而且拉链要平滑、长度合理，这样便于以后拆洗。优质布艺沙发的布套接缝处应该没有明显的碎褶，布面上的花纹能够对上；高档布艺沙发的布套一般有加厚的纯棉布内衬，可以防止灰尘进入，也可以防止其中的羽绒飘出来；坐在沙发上试一下，应该感觉内部填充物平整饱满，站起来后，坐过的地方的面料不应该有明显松弛且很长时间恢复不了的褶子。

4. 选择环保产品

买沙发要坐得舒服，这一点很多人都很清楚，但是，消费者可能忽视了一点，那就是环保性，而市场上沙发用料环保不达标绝非个案。从理论上讲，只要不是纯实木的沙发，就肯定有甲醛，只是达标不达标的问题。一套环保的沙发，除了作为框架的木料要环保达标外，漆、黏合剂以及填充物等细节部分也必须合格才行。

看一个品牌的产品是否环保，首先要看它有没有环保产品认证证书，即中国建材认证（简称"CTC认证"）。有了这个认证，说明这个品牌的产品有了一定的环保性。如果能够具有国际最高的环保要求更好，即看它是否符合以下条件：不含DMF（富马酸二甲酯）——欧盟标准；符合REACH53项——欧盟标准；通过CARB认证——美国标准。

其次，通过鼻闻的方法排除不合格产品。消费者在购买沙发时，如果发现靠垫内部、木料等有异味，那就要注意是否有污染了。至于新皮、新布产生的气味，由于它们可以挥发掉，消费者不必担心。

特别提醒

（1）真皮沙发的皮质需要经过药水鞣制、上色、切削等多道处理程序，难免会含有化学成分，其中大部分是有害的。因此，大家在选购皮沙发时一定要特别注意其环保性，异味太大的绝对不要购买。

（2）除了沙发，床垫也要仔细试一试。与沙发一样，床垫的舒适性也非常重要。很多人选床垫只是往床垫上坐一坐，这是不对的，因为点受力和面受力的感觉是不一样的。正确的选购方法是，按照正常使用床垫的躺法在床垫上躺5min以上，还要多翻翻身。无论侧卧还是仰躺，身体都不能有悬空的部位，也不能扭曲，脊椎应该是平直的。

另外，买床垫还应该打开外面的塑料套，闻一下内部是否有刺激性气味。

窗帘——情调背后防备甲醛

购买档案

关键词：省钱，窗帘装备，窗帘头，搭配，甲醛超标

重要性指数：★★★★★

选购要点：能自己做的环节就自己动手，用心选择合适的窗帘配件，注意甲醛含量

窗帘布艺是装修后期配饰的主要部分，好的窗帘布艺会明显提高装修的效果。窗帘布艺总体价格不高，但是，同样的产品，在不同市场其售价差距是非常大的，因为这个行业水分很大。例如在繁华地段、装修良好的窗帘店比起普通的窗帘布艺市场，价格可能相差数倍，买不好就会被"宰"。

选购技巧

1. 能省的地方要省

（1）自己量尺寸，不必要求商家上门测量和安装。

窗帘商家上门测量尺寸虽然号称免费，事实上，人工费已经摊在材料费里

了。换言之，能够提供这项服务的商家肯定有相当厚的利润。所以，大家最好自己量尺寸，省了这笔钱。量尺寸非常容易：用尺子从准备装窗帘杆的位置向下量到预计的窗帘下摆位置——这就是窗帘高度；再量一下预计挂窗帘的宽度——这就是宽度。这其中，高度尺寸比较重要，量多了或少了都会影响效果。宽度则不必担心量少了，因为窗帘基本都有褶皱，实际的窗帘用布宽度会比你测量的数据大。

为了验证商家的报价是不是贵了，可以要求商家上门测量。如果商家痛快地答应，则报价可能偏贵，消费者可以再讲讲价。如果商家坚决不同意，那么价格应该比较合理。

（2）窗帘布、辅料分开买，另找加工点。

加工窗帘除了窗帘主体外，还需要用到布带、挂钩（用于悬挂窗帘到轨道上或窗帘杆上）、铅线（用于增加窗帘的坠性）、花边及装饰穗（增加美观）等辅料。绝大多数消费者都会在卖窗帘布的商家处购买这些辅料，殊不知，这些辅料是商家的重要利润来源，通常它们是用卖辅料的利润来支付所谓的免费加工成本。因此，如果你不怕麻烦，不如只在窗帘商家处买布，到辅料专卖店购买辅料，然后再找专业的窗帘加工点加工，这样算下来，比全部由窗帘商家加工要便宜不少。

（3）尽量买2.8m幅宽的。

一般来说，窗帘商家都会告诉你，做两倍或者三倍的褶才好看，其目的是让你多用布。其实，窗帘做1.5倍的褶就足够了，有时候少做褶可能更好看，比如那些带明显花纹的布料。至于布帘里面的纱帘，则根本没必要做太多的褶。

卖窗帘其实就是卖窗帘布，市场上窗帘布主要有1.5m幅宽和2.8m幅宽的，除非无可选择，最好买大幅宽的。因为一般房间的室内高度是2.6~2.7m，2.8m的窗帘布掐头去尾刚好够高度，只要买个窗帘宽度即可。买1.5m幅宽的窗帘，就要拼接。算下来，同样尺寸的窗帘，1.5m的产品比2.8m的几乎贵一倍。

（4）不需要双层窗帘的就不要做。

双层窗帘是指一层纱帘一层布帘式的双层窗帘。比起单层窗帘，双层窗帘不但用布多，轨道也会多花钱。商家报价时，似乎所有的房间都要做两层窗帘，还有的商家会建议你做三层窗帘，事实上，三层窗帘不但不需要，有不少房间连两层窗帘都不需要，比如餐厅、书房，根据日晒程度，这些房间一层帘即可。当然，如果你对光线非常敏感，而且喜欢睡懒觉，带遮光涂层的三层窗帘用在卧室也是可以的。

2. 窗帘装备要配套

窗帘的相应装备应配套，例如面积比较大的观景窗，窗帘也应较大，最好用带有拉绳等机械装置的重型帘轨，避免拉坏帘轨。总之，要根据窗户的结构安装配套的装备，避免开合不畅、承重过重等问题。

3. 选择合适的窗帘头

窗帘头可以说是窗帘的点睛之笔，窗帘的样式大部分是在窗帘头上体现的，而且窗帘头还能很好地掩饰窗帘轨道的一些外观缺陷。所以除了选择漂亮的窗帘布以

不同的窗帘头可以营造不同的风格

外，对于窗帘头的样式也要多下工夫。窗帘采用双层轨道搭配漂亮的帘头，会比用窗帘杆效果好很多。这个轨道在卖窗帘的地方都有售，最好不要自己做窗帘盒，它不但过时了，用起来也麻烦。

4. 根据不同区域的功能选择窗帘的材质和款式

窗帘的材质有很多，包括棉质、涤棉、麻料、针织涤纶以及各种混纺等。料质不同，窗帘的价格相差较大，适宜性也各不相同。此外，按照安装方法和开启方式不同，窗帘分为很多种类，如普通双层窗帘、百叶窗帘、罗马窗帘、吊环窗帘等。这些窗帘在窗帘城都可以看到，大家根据个人爱好，仔细选择一种适合的款式即可。

需要提醒的是，你所选择的窗帘必须能够达到所需要的装饰性和功能性。一般来说，根据各个房间的不同功能，可以这样选窗帘：

——客厅是接待客人的第一场所，所以窗帘的质地要好，造型要大方、气派，要能够彰显主人的品质；卧室的窗帘则要首先考虑遮光、隔热、隔音、防尘等功能，日夜帘、百折帘或铝合金百叶帘都是卧室的最佳选择。

——书房中可配以竹帘、木百叶帘等天然材质窗帘，一方面，其简洁明快的造型可使人神清气爽、头脑清静，另一方面，也更有书卷气息和办公气息。

——厨房、卫生间的窗帘必须具有防腐蚀、防水、遮挡视线、易清洗的特点，铝镁合金百叶帘是不错的选择。许多人不习惯在厨房中装窗帘，其实，厨房使用窗饰产品，除起到窗帘的功能性外，更能提升装修的档次。

——其他诸如儿童房、老人房的窗帘也都应该各有侧重，如儿童房用色彩鲜艳的卡通窗帘能增加童趣，老人房则应该选择持重、安神的颜色，等等。

窗帘应该与沙发或床上用品搭配。

5. 注意环保问题

不管是棉质、丝绸还是纤维材质的窗帘布，都会含有甲醛。如果甲醛含量超标，可能引发哮喘、白血病等多种疾病。窗帘中的甲醛主要来自印染等加工过程。为了让窗帘更加美观，生产厂家除了添加各种染料、人造树脂等常用助剂外，还会添加甲醛，以强化其柔软度或硬挺度，改善和提高其防皱、防缩、阻燃、防水等性能。这些残留在窗帘布上的甲醛，在温度、湿度适宜的条件下会释放出来，扩散在室内，悄无声息地损害人们的健康。

为了减少甲醛危害，大家在购买窗帘时应注意以下几点：

第一，闻异味。如果窗帘布散发出刺激性的异味，最好不要购买。

第二，尽量选购浅色的，这样甲醛超标的风险会小一些。

第三，在选购具有防缩、抗皱等性能的窗帘时，一定要看看面料标签是否标示了甲醛含量，如果没标或含量超标，则不宜购买。

第四，选窗帘宜选轻薄、简单的。多层窗帘虽然美观，但用料过多，其甲醛含量自然也会多，还容易积存螨虫、灰尘颗粒等，这些物质都是引发哮喘、咳嗽等呼吸道疾病的罪魁祸首。如果必须用多层窗帘，可以在窗帘附近摆放一些枝叶较多的绿色植物，或者将多层窗帘换成百叶窗。

第五，如果家里窗户比较多，不要都用布艺窗帘，可以选择一些其他材料的窗帘，如百叶窗、卷帘窗等。

另外，窗帘买回来后不要直接挂起来，而是应该先清洗一遍。

特别提醒

（1）不要盲目追求进口。很多窗帘布以"进口面料"为由头而身价百倍，事实上，中国是纺织品出口大国，所以布艺产品根本不必盲目追求进口品。再说，进口窗帘也不见得是真正的进口品。

（2）合同要写仔细。定做窗帘确定尺寸后，要和商家签订订货合同。合同上面要写清楚每副窗帘的尺寸和合同总价，最好能配上图示。安装窗帘时，大家一定要复测一下尺寸，而且要在订货时就告诉商家，你将来会复测。要知道，很多商家提供的窗帘都比订货时的尺寸小，因为很少有人复测尺寸，所以都糊弄过去了。

另外，合同上要注明挂钩、窗帘环等配件的数量，以防商家为了省事少给了挂钩，让窗帘看起来很怪。

（3）窗帘杆一定要够长、稳固。窗帘杆的长度应大于窗套宽度，避免漏光；窗帘杆安装要水平；打眼最好深一些，保证窗帘杆安装结实，否则，一两年后可能就掉下来了。

开关、插座——价高见证安全

购买档案

关键词：假货，阻燃，负荷功率，接线方式，模块，触点，铜材

重要性指数：★★★★★

选购要点：去正规场所买主流品牌，面板材质要阻燃，内部结构要保证接电工作时的安全

比起主材，开关、插座虽属小件，但是与电有关的部件都不是小事。要知道，每个家庭至少都会购买十几个乃至几十个开关、插座面板，它们数量众多，关联甚广。那么，劣质的开关、插座对今后的生活有什么影响呢？

第一，劣质开关会增加家庭发生火灾的风险。

第二，开关、插座的规格如果买错了，会让专业的电路设计无法发挥其功效。

第三，开关、插座属于易损件，劣质开关更容易损坏。如果更换开关、插座，往往要破坏原有的装修。更重要的是，更换开关、插座面板需要专业的电工知识。假如你没有电工知识，而你的开关、插座面板又频繁出故障，那么，在电工每次来之前，你都不得不过一段没有电的日子。

带开关的插座

综上所述，在开关、插座上多花点钱是值得的。何况，比起主材，面板花不了多少钱。下面就讲讲，在家庭装修中，我们怎样才能买到放心、实用的开关、插座。

选购技巧

1. 底座很重要

电工在穿管引线时，会在要加装开关、插座的墙上开洞预埋底座，面板就是用螺钉拧在这个底座上的。底座的坚固度非常影响面板的使用，建议底座买最好的，比如用冷轧钢板制作的底座就很耐用，价格也不贵，几块钱而已。如果是由施工方包底座，业主也要监督他们用最好的。

一般来说，底座在水电改造前就要买好。

2. 选主流品牌

目前市场上的开关、插座面板品牌众多，不同品牌的产品有明显的质量差异，建议大家买主流品牌。选对品牌就等于做对了一半，好品牌可以保证开关四万次以上，近十年不用更换。目前市场上的主流品牌并不多，常见的品牌有西门子、施耐德（梅兰日兰）、奇胜、ABB、西蒙、松下、天基、松本、鸿雁、飞雕、雷士、欧普等，其产品质量都不错，大家可以酌情购买。

3. 学会辨别假货

（1）最好去正规商场、家装材料超市或专卖店购买开关和插座，这样可以减少买到假货的风险。购买时要看清产品标识是否齐全，有无3C认证标志，也可以上国家认监委官网查询这个品牌是否是合格的。

（2）防止专卖店调包。现在的开关、插座售假手段非常多，就算是专卖店也不可掉以轻心。最常见的骗局有两种，一种是某一品牌的正品假货混着卖；另一种是真品牌和假品牌混着卖，即专卖店的自家产品是正品，但是私下兼卖其他假品牌。由于这些商家往往是国际知名品牌的经销商，所以消费者很容易上当。

大家在去专卖店购物时，一定要注意以下几种情况：①对方降价很多，且要去隐蔽的仓库取货，那你就要小心了，店家拿来的可能是假货。这也提醒大家，在选购重要部件时，千万不要贪小便宜，讲价也要适可而止，免得商家为了赚钱用次品糊弄人。②如果你发现某品牌的专卖店还兼卖其他品牌，也要小心。比如西门子专卖店里还兼卖其他品牌的产品，而且价格便宜，这些"其他知名品牌"基本都是假货。

（3）通过价格差辨别真假。如果你能用几元钱买到专卖店里卖十几或几十元的插座，那么该产品必是假货无疑。

（4）验明身份。可以要求店家出示有关检验部门出具的检验合格报告。尤其是包工包料的装修中，业主一定要对承包方选购的开关、插座逐个验货，防止用买正品的钱买了假货。

（5）看包装辨别假货。为了防止买到假货，选购时要注意看包装，真货的包装喷码和圆形打孔是一次成形，简洁利索，字迹清晰；假货包装上的圆形看起来很粗糙，上面的文字很容易擦掉。

4. 外壳材料要用阻燃的PC材料

开关、插座面板由外边框、内边框和功能件组成，优质面板的内、外边框都是PC材料的。PC材料学名聚碳酸酯，俗称防弹胶，具有阻燃、抗扭曲、抗冲击、不易染色、外观光滑的特点。

多孔插座

一般开关、插座面板会前面用PC材料，底座上则用黑色的尼龙料，从而降低成本。较差的开关可能根本不用PC材料，而是用混合料或ABS替代。这些材料不仅抗冲击、耐热性差，还容易变色，表面摸多了就显得很毛糙。这样的面板不能买。

从外观上来说，好的材料一般质地坚硬，很难划伤，成型后结构严密，手感较重。如果商家允许，你可以将样品的外边框卸下来，用手沿对角握一下，好的开关外边框可以弯折90°而不坏。你还可以用打火机烧一下边框，好材料不会烧起来。

5. 看内部接线端子的接线方式

开关的接线方式影响到用电安全性，大家不可轻视。常见的接线方式有传统的螺钉端子、双孔压板和卡接线方式（速接端子）三种。把开关翻过来，如果接线柱上只有螺钉，这个就是传统的螺钉端子；如果接线的部位有两块带螺钉的小铜片，电线插入后，用螺钉旋具拧铜片上的螺钉，两块小铜片会越夹越紧，这种接线方式就是双孔压板结构；如果接线方式是电线直接插到开关后面的接线孔中，这就是卡接线方式。

三种接线方式中，卡接线方式最安全，也最贵，性价比不高。一般情况下，选普通的双孔压板结构的就可以了，最好不要用传统的螺钉端子结构的，其安全性太差。需要注意的是，电线一定要拧紧，拧得越紧电阻越小，越安全。

6. 开关触点要好

触点就是开关过程中导电零件的接触点。触点一要看大小——越大越好，二要看材质。好的开关触点有纯银和银合金两种，银合金的安全性能更好一些。因为纯银熔点低而且质地偏软，在反复使用中容易出现高温熔化或变形等问题，银合金的硬度和熔点都比纯银的高，克服了纯银的弱点。关于触点的材质，大家可以询问经销商。

7. 开关、插座的模块质量要好

这个很难用肉眼辨别，但也可以通过一些细节来判断：一般越重的质量会越好；好的开关、插座后面的固定螺钉是纯铜的，而且比较大。

8. 插孔处的铜材要好

最简单的判断办法就是用插头试一试插拔力度是否适中，然后用手掂一下，以重者为佳。

9. 看制作工艺

开关、插座经常被触摸，如果选用的是不合格的劣质产品，时间久了，就会老化变色。另外，优质开关、插座的面板必须借助一定的工具才能取下来，而中低档产品的面板则轻易就能用手取下来，如果不小心弄掉了，则会影响室容。选购开关时，可以用食指、拇指分别按住面盖的两个对角，一端不动，另一端用力按压，如果面盖松动、下陷，说明产品质量较差，反之则质量可信。

10. 负荷功率越大越好

现在家用电器的功率越来越大，对开关、插座的通电负荷要求也越来越高。好的开关、插座应该能通过16A以上的电流，普通的最多能通10A电流，无法满足特殊电器的需求，如电炉、空调必须配16A的开关、插座。

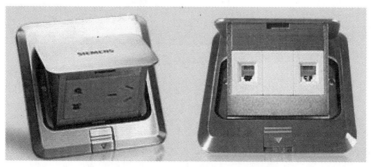

左：地插座；右：电话线、网线地插座

11. 特殊情况要配特殊开关、插座

有的电器插上电源就耗电，而经常插拔又比较麻烦并影响插座的使用寿命，比如空调插座，这种情况下，最好买带开关的插座。

（1）对于暂时不用的接线点，要安装空白面板；在容易溅到水的地方，如厨房水盆上方，或卫生间，要安装带防溅面盖的插座。

（2）开关、插座面板的种类很多，每种型号都有一个复杂的编号，客户自己购买的时候，恐怕要头大。你可以让电工列一个单子，写清楚需要5孔面板几个，单开几个，双开几个，单开双控几个等。你拿着这个单子去市场上找相应商家，照此提供就行了。

（3）购买具有特别功能的开关时，一定要看清楚它的使用限制，防止买回来不能用。比如调光开关只能调节白炽灯的亮度，不能调节节能灯和日光灯的亮度，如果你家不准备用白炽灯就不要买了。

（4）对特殊用电回路，如空调、整体浴室、电热水器等，大家在购买开关、插座时，先自行检查是否有保护装置，若没有则再配置相应的剩余电流断路器，以确保用电安全。工程完成后，要进行剩余电流断路器检测，给出完整的电路图，以便日后维修。

灯具——实用第一

购买档案

关键词：实用，方便，节能，安全，简约

重要性指数：★★★★★

选购要点：大型灯具要货比三家，挤掉价格水分；要重点检查防触电性能；实用为主，不要装太复杂、太费电的灯具；灯泡要买正规品牌，防止买到假货

家庭装修中，如何运用灯光代表了装修设计水平的高低。但是，用光和用灯的数量不是一个概念，好的装修设计注重的是通过各种不同材料的搭配，尤其是通过对自然光的合理利用体现出良好的装修效果。灯的数量不是越多越好，而是越少越好，这才能体现出设计师的真功夫。可见，买灯也是需要真功夫的。

有些设计师会建议业主增加灯的数量，这往往是为了增加施工量从而多获利。

选购技巧

1. 家庭装修中用灯的原则

家庭装修中，用灯的最终目的应该是经济且美观，具体来说应该遵守以下六个原则：

——**方便原则**。选择灯具时，一定要考虑更换灯泡的方便性。

——**节能原则**。首先，尽可能选择灯头少的灯具。灯头多的水晶灯、射灯固然能够营造出流光溢彩的效果，可是，漂亮的灯光看久了也会产生审美疲劳。同时，过多的灯泡意味着更多的电费支出和更高的室内温度，因此，一般几个月后，这些多余的灯泡都不会再开了。

其次，多头灯尽可能用节能灯泡。如果选用节能灯泡，则在选择灯具时要注意灯头的接口。因为节能灯泡大都是标准螺口，在某些灯具上不能用，比如射灯。

——**安全原则**。一定要选择正规厂家的灯具和灯泡，保证质量过关。此外，湿气大的卫生间、厨房等空间要选用防水灯具，多头灯具最好选择发热量小的节能灯泡，以防热量聚集引发火灾。

安装灯泡时，灯泡的功率一定不能超过灯具的最大负荷，否则可能会损坏灯具，甚至可能引起火灾。多头灯具总负荷的计算方法是：头数×每只灯泡的功率＝总负荷。

——**功能原则**。使用功能不同的房间应安装不同款式及照明度的灯饰。比如，卧室的灯具应不刺眼；卫生间的灯具应式样简洁且防水；厨房的灯要便于擦拭、清洁，等等。

——**简约原则**。除非你家的房子能够达到豪宅级别，否则，尽量少用造型过于复杂、花色过于繁杂的灯具。比如，普通顶高的房子里安装一个双层的复杂水晶灯，看起来会非常不协调。

——**协调原则**。同一房间的多种灯具，应保持色彩协调或款式协调，并且要与房间的整体风格协调。例如以木质家装为主的房间适合装木制灯；以铁艺为主的空间则适合装铁管材质的吊灯。

2. 灯具尽可能挤掉价格水分

灯具（不包括灯泡）行业缺乏规范，绝大多数的灯具都产自小厂，也没有什么名牌。一般来说，灯具的标价水分很大，大店面的店面租金贵，所以灯具售价高，质量与小店铺的产品其实相差不多。所以大家在购买灯具时要仔细比较具体型号和价格，多跑几家店，谨防买贵。

3. 鉴别灯具的质量

（1）察看灯具上的标记，例如商标、型号、额定电压、额定功率等，判断其是否符合自己的使用要求。其中特别要关注额定功率，这是判断所能安装的灯泡数量和总功率的依据。

（2）看防触电保护是否合格。灯具防触电不合格的原因，一般包括采用了不合格的灯座，或者是灯具带电部件没有防触电保护措施，比如没有加灯罩。检查防触电保护可以分两步走：

首先，接通电源，检查灯具不带电部件，看是否有触电危险。

其次，装上灯泡（尤其注意白炽灯具），在不通电情况下，用小手指触摸灯头等的带电部件，如果触摸不到，则说明防触电性能基本合格。这项检查是为了避免使用中不慎触电，尤其是有小孩子的家庭，更要注意。

（3）看灯具上的电线是否合格。鉴别的方法是：看一下灯具上的导线的绝缘层是否有断裂等问题；看绝缘层上的标记，检查导线的横截面面积是否达到至少0.5mm^{2}的标准；看导线经过的金属管出入口是否有锐边，如果有，则可能会割破导线，造成金属件带电；台灯、落地灯等可移动的灯具，在电源线入口处应有导线固定装置，以防电线在移动中触及发热元件，致使绝缘层熔化，继而使外壳带电。

（4）检查整体的牢固性。对于有拉杆或者吊链的灯具，要检查拉杆、吊链的强度，尤其是大型吊灯更要注意；晃动一下安装灯泡的灯座，看是否有松动的现象；很多造型灯具是从灯座上探出灯头，因此一定要检查灯头和灯座的连接是否牢固。

（5）检查外观是否有瑕疵。比如是否有划痕，镀层是否均匀等。

（6）看镇流器是否合格。如果灯具中使用的是电子镇流器，则应选购装有反常保护电子镇流器的灯具，确保荧光线路中出现非正常状态时，电子镇流器仍能正常工作。

如果灯具用的是电感镇流器，则尽量选用Tw值较高的（Tw指镇流器线圈的额定最高工作温度），从而延长镇流器的寿命，尤其是灯具散热条件差时，更应注意这一点。

4. 谨防买到假节能灯

节能灯的正式名称是稀土三基色紧凑型荧光灯，20世纪70年代诞生于荷兰的飞利浦公司。节能灯之所以节能主要是因为它没有热量损耗，在达到同样亮度的情况下，节能灯只需耗费普通白炽灯用电量的1/5~1/4。此外，节能灯的寿命长达6000h以上，而白炽灯的国家标准寿命为1000h。基于这些优点，节能灯的家庭使用率越来越高。

目前市面上以次充好的节能灯很多，价格虽然相对便宜但寿命不长。所以大家不要贪便宜，应该选择名牌产品。另外，因为节能灯都有两三年的保换期，有的商家甚至有五年的保换期，所以大家最好选择正规经营、场所比较固定的商家，如果商家很快就消失了，保换期再长都没有意义。

在挑选节能灯时要现场试一下，选择那些起动时闪烁小，根部不发红，点亮一阵后几乎不发热的产品。如果发热，则白炽灯泡有可能是假冒的。

5. 射灯质量一定要好，且一定要配变压器使用

射灯一般是嵌入顶棚或墙体中的灯，工作时会产生较高温度，所以一定要购买优质的产品，不然会有安全隐患。灯珠也应选择品质好的，因为射灯嵌在顶棚里，更换起来相当麻烦。

目前市场上的射灯质量良莠不齐，凭肉眼很难辨别好坏，最保险的办法就是选择品牌产品，而且一定要搭配优质变压器。

6. 仔细收货

一般大型灯具是由灯具商家送货上门的，货送到时，大家要开箱逐个检查，因为一旦安装到屋顶就很难检查了。

（1）经常开窗或者尘土比较多的地方，建议不要买灯口朝上的吊灯，容易落土。

（2）不要频繁开关节能灯。一方面，频繁开关节能灯会大大缩短其寿命，因为节能灯使用的是电子元件，开关电源时，脉冲电流会对电子元件产生冲击，从而造成损坏。当然，真正的LED灯可以连续开关数万次，频繁开关对其寿命没有太大影响。另一方面，节能灯使用高频电子电路，开关瞬间的能耗远高于正常情况下的，因此，如果不是长时间离开，不要频繁开关节能灯。

（3）很多吸顶灯都称为"节能吸顶灯"，其实这是相对于普通白炽灯而言的，并非真正的节能灯。以目前吸顶灯常用的环形灯管为例，一般32W灯管的亮度和8W的节能灯差不多。

（4）灯具安装一定要牢固，可以用手拉一下，感觉一下。灯具底盖应该紧贴顶棚，不能晃动。吊灯的电线不能绷得太紧，应该松松地缠着拉杆走下去。不能有裸露在外面的电线。

空调——实用性重于装饰性的耗电大户

购买档案

关键词：匹，功能

重要性指数：★★★★★

选购要点：选择恰当的制冷率，功率宜大不宜小

空调是电器中的大件，同时也是耗电大户。与其他电器不同，选择空调的重中之重是实用性和节能性，不是随意买个自己喜欢的就行了。

第1章 — 第2章 — 第3章 — 第4章 — 第5章 — 第6章 — 第7章　上篇　火眼金睛选家庭装修材料

第8章 — 第9章 — 第10章 — 第11章 — 第12章　下篇　装修完成后常会后悔的39件事

选购技巧

1. 不要买太便宜的空调

空调的性能也是与价格成正比的，便宜的空调虽然也能用，但效果要大打折扣。毕竟空调不是简单的制冷机，温度调节功能是需要一定技术的。

2. 选择实力雄厚、售后网点多的品牌

选择空调品牌要看三个方面：

（1）品牌美誉度。这个就不用多说了，好品牌相对来说出厂的机器可靠性也会相对高一点，还要选那些企业实力强、知名度高、售后服务完善的品牌。

（2）安装技术。空调不是买来就能使用的，还必须经过专业队伍安装、调试。这项工作是厂家免费提供的，也可能是经销商提供的。安装、调试技术非常重要，如果不到位会带来一系列问题，譬如空气排不净、管道连接处存在泄漏等。

（3）售后服务。选择在当地售后较好的，最好是有厂家自设的网点，空调是三分质量七分安装，以后的使用情况如何绝大部分要看安装师傅的水平。

3. 看品牌更要看型号

电器厂家的每个品牌都有高中低档之分，空调也是一样的，所以，买空调不能只看品牌，更要看型号。大厂的便宜产品，其缺点往往集中在耗电、噪声略大、舒适度差以及机器效率下降比较快等方面。

4. 选择有实力的经销商

厂家的许多售后服务需要经销商去执行、落实，厂家的优惠政策也要能够可靠地执行，所以，一定要考察经销商的服务水平。

首先，要选择那些实力雄厚、在当地有影响力的大型专卖店，这里的产品质量更有保障，型号也更加齐全；其次，应注意其是否有长期经销空调的历史，因为有较长经销历史的经销商往往经验丰富，售后服务也会更加及时、可靠。

5. 依据房间情况选择合适的空调功率

一般来说，空调的制冷量越大，制冷效果就越好。但如果一味追求高速制冷，小房间买大空调，就会造成不必要的浪费，空调的功率都在几千瓦，耗电能力非同一般。然而，如果功率买小了，又会带来"小马拉大车"的尴尬，空调起不到应有的作用。所以消费者在买空调前，首先需要计算自己家所需的制冷量。计算房间需要买多大的空调的步骤如下：

第一步，确定房间所需的最小制冷量。一般来说，空调匹数与实用面积对应如下：$12m^2$以内用小1匹，$16m^2$以内用1匹（25机、26 机），$20\sim23m^2$以内用1.5匹，$25\sim33m^2$以内用2匹，$35\sim40m^2$以内用2.5匹，$40\sim50m^2$以内用3匹。

空调的匹数指的是空调的消耗功率，一般来说，小1匹对应2300W（23机）的功率，1匹对应于2500W（25机）的，1.5匹对应于3500W（35机）的，以此类推，2匹是40机，2.5匹是60机，3匹是72机，等等。我国国家标准规定空调型号中的数字就代表制冷

量，单位是百瓦特，比如型号KFR-35GW就是3500W，GW指挂机和外机，LW指立柜式和外机。但在日常生活中，大家更习惯用"匹"，在选购时可以做相应的转换。

第二步，特殊条件的房间适当加大匹数。影响空调匹数的因素不仅包括房间的大小，还受门窗、朝向、户型、居住人数等因素影响。当这些因素有变时，空调的功率也要相应变化。

例如，顶层或者是西晒的房间，可增大半匹；既是顶层又西晒的房间，可增大1匹；既有西晒的窗户又是顶层的房间，可增大1.5匹。具体增多少依具体情况而定，以上增幅只能多不能少。

家里人多且流动性大时，对空调制冷（年轻人多就大点）、制热（老人多就大点）都需要有相应的调整。

6. 考虑室外机能不能装得下

当你决定买一台比较贵的空调时，一定要问问室外机的尺寸。因为好空调室外机肯定比较大，有些地方不一定装得下，比如松下尊铂的室外机长度将近一米，如果室外空间小，不见得能装得下。

7. 能装挂机就别装柜机

柜机除了送风能力强劲以外，其他方面都不如挂机。所以，除了在客厅等面积较大的空间安装外，其他空间能装挂机就装挂机。如果客厅和餐厅较小，可以不装柜机，而是装一个大功率的挂机。稍大些的房子一般都是客厅和餐厅连在一起，有条件的话可以装两个挂机，同档次的情况，价格肯定比柜机便宜。再说两套完全独立的空调，可以只开一台，一台出故障了另一台还可以用，更省电，可靠性也更高。另外，挂机也不占地面空间，视觉效果更好。

看中一拖二空调的家庭应当注意，一拖二机组的适用条件是：两个房间相邻且面积相当。变频一拖二机虽然能够满足面积差异较大的两居室使用，但造价较高，还不如选用两台分体机合算。

8. 货比三家，不盲目追求时尚

首先，买空调要多跑几个家电卖场，货比三家不吃亏。同时不要只听导购员的推荐，他们为了拿到高提成，往往会推荐高价的机器。

其次，消费者在选购时，要综合考虑产品的性能价格比，不应盲目追求时尚，花钱买回一堆"花哨"的功能。空调市场新品迭出，比如光触媒、冷触媒、氧吧、负离子、纳米等五花八门的概念。功能多了，商品的价格自然也水涨船高。其实这些功能大多中看不中用，作用有限，还不如勤开窗多通风更有效。

当然，那些可以提高使用舒适度或者节能的新功能是可以选择的。比如有些空调能够自动判断屋里是否有人，从而自动调节温度；还有的空调能自动探测室内空间的温度分区差异，并智能化地调节送风方向和送风量，从而使室内空间温度均衡。这些功能要么节能，要么可以带给人体更多舒适感，大家在资金充足的情况下是可以考虑的。

9. 一般家庭最好不要选择家用中央空调

中央空调是典型的"三分产品、七分安装"的商品，安装中央空调是一个非常复杂的过程，它需要一个专业队伍安装好几天，稍有差池都不行。由于安装复杂，装修工人随便找个由头就会收费，不懂行的业主只能乖乖交钱。另外，比起普通空调，中央空调费用更高，降温速度慢，噪声巨大，维修成本很高，总之，对于普通家庭来说不合适。

10. 尽量买耗能低的空调

定频空调有一个"能效标志"，其包含的能效比共分五级，最高为一级，五级最低。一级能效的更省电，但价格也比二级的贵，二级比三级更省电也更贵，以此类推。如果经济条件允许，建议大家买更省电的产品，因为耗能高的产品不但费电、不环保，内部元器件的质量也比低能耗的差。

11. 避开购买高峰期

购买高峰期主要集中在七八月份，这一期间商家往往处于满负荷工作状态，运输车辆、安装人员远得不到满足，极易导致安装不及时，售后服务跟不上。

特别提醒

（1）按规范进行安装。空调的安装有相应的技术规范，消费者切不可为追求环境美化，随便选择安装位置或更换随机附件。安装前应检查自家的电源、电压、剩余电流断路器等是否能满足要求，尽量避开易燃气体可能发生泄漏、开人工强电、磁场直接作用的地方。安装完毕后，应认真检查。最后按照使用说明书的要求进行试运行。

（2）温度设置不要太低，这样除了会使人感觉到寒冷外，还容易导致压缩机频繁地开机和停机，从而缩短空调的使用寿命。

（3）定期对空调器进行清洁和检查。这包括定期拆下室内机的过滤网进行清洁，定期清洗室外机的散热片，这样做可以提高空调器的工作效率。同时，使用一段时间后，要让专业人员检查空调，及时更换老化的元件，补充制冷剂，防止元件老化对机器和人体产生的危害，并能使空调器保持在良好的工作状态。

抽油烟机——性能比价格更重要

购买档案

关键词：正品，吸力，倒风，漏风，噪声，清洁

重要性指数：★★★★★

选购要点：选择性价比高的正品，吸力要强，易清洁，噪声小

抽油烟机是厨房中的必备电器，如果选不好，以后就会有很大麻烦。对于这一点，家庭主妇一定深有感触。

选购抽油烟机要注意下面几个方面：①抽油烟力度；②噪声问题；③价格；④是否便于安装。选购抽油烟机的重点就是围绕这几个方面展开的。

中式抽油烟机

 选购技巧

1. 不必迷信进口品牌和高价品牌

选购抽油烟机要选择知名品牌，但没必要追求进口品牌，也不必追求最贵的品牌。首先，抽油烟机最重要的部件是电机，目前国产电机的技术已相当成熟，没必要花更多的钱去买进口产品。再者，国内抽油烟机的市场也相对成熟，只要质量过关，服务上不会差太远。

鉴定抽油烟机是否是正品，首先可以从外观上下手：

（1）认清正品标志，看做工是否精细。首先，最好去专卖店或正规电器商场购物，然后仔细观察产品的外观、表面的做工、说明书材质以及印刷质量等，正品做工精细，所用材质较好。

（2）看防伪标贴。正品都有防伪标贴，可拨打防伪电话确认是否为正品。

（3）看钢印。正品上的钢印是打上去

欧式抽油烟机

的，摸起来有凹凸感；假冒产品往往是印上去的，摸起来是平的。此外，正品上的品牌标签不容易取下来，次品或假货的则很容易取下来。

（4）看型号。正品的说明书与产品相匹配，而且上面有准确的厂家联系方式。而贴牌产品的说明书上往往没有厂家联系方式和烟机具体型号，或者说明书上有型号，但与烟机本身不符。

（5）看价格。如果你购买的抽油烟机价格比专卖店低很多，那么基本可以判断它是假冒伪劣产品。

2. 抽油烟能力要强

大家在选购抽油烟机时一定要亲自验证一下，不要只听信导购员所做的演

上篇 火眼金睛选家庭装修材料

下篇 装修完成后常会后悔的39件事

示。比如，他们会把一张纸放在抽油烟机的下面，开启电机后，纸会迅速被紧紧地吸附在吸风口上。然后，导购员会据此引导消费者相信抽油烟机的吸力强。事实上，几乎所有的抽油烟机都能达到这样的效果，所以这项实验根本无法说明抽油烟机吸力的大小。

大家可以按如下方法测试：

首先，开启机器，将一张点燃的纸放在抽油烟机下方炒菜的位置，吸烟效果好的才算好产品。多试几种，抽油烟力度的强弱就看出来了。

接着，把手放在吸风口附近，感觉是否有倒风现象；把手放在出风口处，感觉一下风力的大小；把手放在箱体的接缝处、螺钉口处，检查一下是否有漏风现象。排烟效果好的抽油烟机应该不倒风、不漏风，而且风力大。

一般来说，壁挂式抽油烟机的吸油烟效果优于吊顶式的。因为，吊顶式抽油烟机进风口距离灶台过远，往往很难吸净油烟。而壁挂式抽油烟机进风口距锅面不超过10cm，吸油烟能力自然更强。

特别值得注意的是，不要选那些机器特别小，烟道特别短的抽油烟机，它们虽然价格便宜，但是质量低劣，吸油烟效果极差。

壁挂式抽油烟机

3. 噪声要小

有的机器抽油烟强劲，可是声音却震耳欲聋，这样的产品不要选。因为噪声的大小通常与轴承有关，而轴承是抽油烟机的重要部件，抽油烟机的噪声大说明其轴承的质量不太好。再说，在轰鸣的厨房里做饭，人的心情一定不太好。

检查噪声的方法如下：反复按动电动机起动开关，比较一下电动机起动及关闭后的运转声音，杂音越小越好；转换不同的功能键，注意听烟机运行时的噪声大小，有无金属碰撞声及其他怪异的声音，如果有，则说明主机、轴承等重要部件有问题，不能购买。

4. 要易于清洁

首先，好抽油烟机的壳体材质应不易积累油烟、易清洁、耐磨损、耐腐蚀、强度好，并且有较长的使用寿命。其次，要选择造型流畅、无死角的产品，这样的产品不易积油污。再次，选择有油烟过滤分离装置和双层油网设计的抽油烟机，这样的产品清洁起来才方便。

5. 材质和做工要好

首先观察机器材料的厚薄，通常是越厚越好。其次看产品的表面与边角情况，如果产品没有凹凸不平、色差、结构松散等问题，该产品的做工就是不错的。

特别提醒

抽油烟机通常由厂家负责免费上门安装。第一步是安装好与排风口相连的最上面的一根排烟管，这项工作要在安装吊顶以前完成，否则就没法安装了，除非拆了吊顶。

安装排烟管时应注意，一定要在烟道口安装止逆阀（只能单向通风的阀门），避免烟道中的油烟倒流。

燃气灶——安全节能是重点

购买档案

关键词：气源，热效率，熄火装置，点火方式，台式，嵌入式

重要性指数：★★★★★

选购要点：气源匹配，有安全防护装置，选择最节能的设计方式，同时兼顾价格

作为灶具，除了燃气灶，还有电磁灶。只不过，由于我国现在天然气的费用普遍较低，中餐又讲究爆炒，所以燃气灶是大多数家庭的主选。选购燃气灶的重点是安全性和节能性，同时兼顾价格和外形。

 选购技巧

1. 气源要匹配

目前使用的燃气有液化石油气、天然气、管道煤气和罐装煤气，不同燃气的压力不同，对应的灶具的出气孔（燃烧点）也不同。如果二者不匹配，就会影响使用，比如罐装煤气如果配管道煤气的出气孔，则会因为压力不够而很难点火。由于同一个燃气灶往往不能乱换气源，所以，购买燃气灶前一定要先了解家里使用什么燃气。

2. 要配备安全设施

在燃气灶的安全设施方面，应注意以下几点。

（1）建议大家购买有熄火保护的燃气灶，如果烧开水或者煮粥时，水溢出来浇熄了火苗，则熄火装置可以及时断掉燃气供应。如今除了小市场，一般也很少见到没有熄火保护的产品了。

（2）可以考虑购买有定时装置的燃气灶，这个装置特别适用于那些经常忘了灶台上还烧着锅的人。

（3）燃气灶的气密性要好。国家规定，在4.2kPa标准燃气压力下，从燃气入口到燃气阀的泄漏量必须≤0.07L/h。你可以在家进行简单的检验，方法是接通气源，

将燃气灶的开关旋钮设置为关闭，然后用少量皂液或洗洁精水刷涂管路、阀体及接口处，如果没有气泡冒出，则说明不漏气或极少漏气。

3. 选大厂品牌产品

燃气灶最好去正规的商场、市场或品牌专卖店购买，大厂家的燃气灶具比杂牌产品更有保障。现在看来，大厂家产品出现问题的概率很小，杂牌企业的产品可能连熄火保护装置都没有。注意，品牌也分专业品牌和非专业品牌，显然，专业品牌比非专业品牌更好。例如，虽然有些电器商是大品牌，但它的产品多达数百种，因此产品不可能样样都精。

4. 性价比很重要

买燃气灶不一定要最贵的——你可能有一半钱是为广告付费，但也不能图便宜——便宜没好货是真理，性价比最好才是最重要的。多比对一下功能、技术参数、安全性能、节能性，在这个基础上再看价格。

5. 面板材质

燃气灶的价格差别主要在于材质，包括灶面的金属厚度和灶芯的材质。现在的燃气灶面板主要有不锈钢、陶瓷、钢化玻璃三种材质，其中不锈钢和钢化玻璃最为常见。三种材质的面板各有长处短处，如何选择就看你自己的喜好了。一般来说，从美观度上看，钢化玻璃最好，陶瓷次之，不锈钢再次之；从耐用性上看，不锈钢最好，钢化玻璃和陶瓷次之；从易清洁性上看，钢化玻璃最好，陶瓷次之，不锈钢再次之。

不锈钢面板使用最广泛，选择时要注意选择厚实点的，且面板与底壳扣合度好的，否则使用一段时间后容易发生翘曲。

燃气灶具的炉头和炉架一般可以取下，选购的时候可以把这些部位取下掂一下，较重的一般品质会比较好。

6. 看点火方式

燃气灶的点火方式有两种：

压电陶瓷式点火——主要运用于老式的台式燃气灶上，引火材料是电火石，现在较好的燃气灶都不再使用这种点火方式。

电脉冲式点火——需要在燃气灶底部安装电池，它的点火成功率极高，一般为100%。因为它只需你扭动一次按钮，就能连续不断地喷射出电火花，直到点燃为止。

压电陶瓷式点火的最大优点是不需要电池，但它拧一次按钮只能喷射一次电火花，点燃的成功率比电脉冲式点火低得多，比较麻烦。相比较而言，电脉冲式点火方式更好一些。

7. 看进风方式

进风实际上就是进氧气，根据空气的进入方向不同，燃气灶的进风方式可分为上进风和下进风两种，有的厂家也把下进风称为全进风。下进风方式的热效能高一些，但时间长了会有一定的回火和爆燃的小隐患，影响不会太大。上进风在行业内被誉为是最为安全的灶具进风方式，但是纯粹靠上进风，空气补充经常不充足，火力就会比较小，热效能差一些。

左为下进风式的，右为上进风式的

8. 看热效率、热负荷和一氧化碳排放量

燃气灶的热效率越高，说明越节能。一般家用灶具的热流量在3.4~4.2kW，大部分家庭用3.8kW左右的产品就足够了。如果你的厨艺比较高，又喜欢爆炒，不妨选择热流量比较大的灶具。

热效率受进风方式、火盖设计、燃烧方式（燃气灶按照火苗方向可以分为直火燃烧、侧火燃烧和旋火燃烧）等原因的影响较大，因此看燃气灶的热效率不能光看商家标多少，还要看具体的设计。一般来说，下进风方式比上进风方式的热效率高；旋火、侧火比直火的热效率要高；台式燃气灶的热效率比嵌入式燃气灶的高；条形火孔火盖的热效率更高。

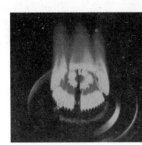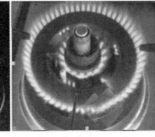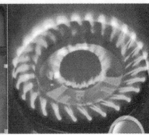

左为直火，中为侧火，右为旋火

燃气灶的热负荷越大，火力越猛。同时，一氧化碳排放量越低越好。但是，由于热负荷与热效率、一氧化碳排放量相互制衡，所以不要单纯地以为商家标的热负荷越高，产品就越好。热负荷高，说不定热效率反而低，导致一氧化碳的排放量高。

关于这三个指标的配合是否完美，业主不太容易掌握，只要记住，只有优质灶具才能将这三个指标配合到最佳状态。另外，锅架的高低会直接影响进风量，从而影响到燃气是否能完全燃烧，锅架高则燃烧充分，一氧化碳排放量会低一些。

9. 看样式

首先，看安装方式。台式灶不如嵌入式灶看上去高档，但因为进风量等原因，台式灶的热效率一般比嵌入式灶要高一些。不过嵌入式灶的美观度和实用性综合得更好，所以渐成市场的主流。

其次，看灶眼。燃气灶有单眼、双眼、多眼之分，中国人喜欢用大锅炒菜，双眼灶更实用。

再次，看火盖。火盖是燃气灶的核心部件之一。选购时看两点：①火盖的火孔形状有圆形、梯形、矩形、条形等，其中条形火孔热效率最高，圆形最易堵塞，需要经常通一下。②目前国内燃气灶火盖的材质大都是铜合金的。铜合金分两种，常见的一种是含铜量在53%左右的柜装黄铜，另一种是含铜量为57%的印铸非标黄铜，后一种质量更好，价格也比前一种更贵，大家可以视自己的喜好而定。

10. 分辨真品、次品

电器市场陷阱防不胜防，在任何购买场合都有可能遇到假冒伪劣产品，大家要学会鉴别。

（1）看外观。正品灶具的外壳明显比伪劣品的外壳厚，做工也更加精致，看起来光洁、无损，周边不会有毛刺、飞边等，而伪劣品往往看起来就很粗糙。

（2）看价格。有些所谓的"品牌机"看起来美观但价格比正规商场低很多，这是典型的贴牌（假冒）机，切不可购买。

（3）拨打客服电话，核实产品型号。有实力的品牌都会有免费且固定的客服电话，判断产品真假打个电话就知道了。

（4）打火测试。正品机的打火命中率很高，而伪劣品则相反。试烧时，要观察火头大不大，空气中煤气味重不重。好的燃气灶燃气能够充分燃烧，所以火苗大，颜色呈淡蓝色，不会有明显的煤气味。而不合格品则一般火头小，火苗颜色发黄或发黑，煤气味较重，这是燃烧不充分的表现。

（5）辨别熄火装置的真假。购买嵌入式灶具时，一定要检查熄火保护装置的感应针。在燃烧过程中，当火熄灭时，熄火装置应能在15s内切断燃气（国家标准规定为60s）并自动关闭灶具阀门。而假冒产品要么根本没有熄火感应针，要么是放置了一根假的感应针。

（6）看炉头材质。品牌机使用的是铜质炉头，材质好，分量重，档次高，外观也漂亮。假冒机往往用铝合金炉头，强度比铜差，掂起来比较轻。

特别提醒

（1）灶具是由厂家负责免费上门安装的，现在绝大多数的业主都选择嵌入式的灶具，橱柜工厂的员工在橱柜台面上开孔时，要提醒他们注意尺寸不要过大或过小，尤其不要过大，否则灶台四周会留下空隙。

（2）安装嵌入式灶时，底壳不能完全与外界空气隔绝，一定要在橱柜上开个大概80cm²的孔，以免橱柜密封而造成积聚的燃气浓度太高，引发事故。

燃气热水器——燃气安全是关键

购买档案

关键词：燃气类型，气源与水头的距离，升数或功率，强排式，验机，安装费用

重要性指数：★★★★★

选购要点：要与家庭气源匹配，选择合适的容量，一定要现场验机，不要多花了安装费用

　　燃气热水器是指采用燃气作为加热能源的热水器，它的内部是一圈一圈缠在主炉体外壁的铜管，当燃气在主炉体内燃烧时，冷水在铜管里通过时被迅速加热，从淋浴头出来后就是热水了。

　　燃气热水器最大的优点就是即开即热，提供的热水量不受限制，这一优势在冬天非常明显，对于喜欢泡澡的人来说也是意义很大。此外，燃气热水器还具有体积小、价格低廉，且在现有的燃气价格下，比电热水器更省钱的优点。其缺点是有一定的安全隐患，易污染空气，不利于环保，如果浴室离气源点（多数是厨房）远，则需要改水路，安装复杂。

　　综合而言，只要安装不是特别麻烦，建议大家选择燃气热水器。

 选购技巧

1. 根据家中燃气种类对号选购

　　在选购燃气热水器前应确定你家中使用的燃气（天然气、煤气、罐装液化气）种类，然后对号选购。因为煤气和天然气的热值不一样，所对应的热水器构造也是不一样的。

2. 选择合适的容量

　　燃气热水器的规格有按"升"标注的，也有按功率标注的。

　　燃气热水器没有储水器，所谓的"升数"是指其加热能力，也叫"热水产率"，是指热水器"出水温度"比"进水温度"高25℃时"每分钟的出水量"，比如一个10L的燃气热水器，进水温度是10℃，每分钟就能产出10L35℃的热水。如果想让温度高一些，适当调小出水量即可。

　　正常情况下，以淋浴为主且只供一个卫生间的家庭选择8~12L的燃气热水器即可。如果要同时供两个卫生间或者使用浴缸的家庭，最好买16L以上的。当然，流量越大越耗水、气。另外，大功率的热水器是否能达到额定的功率还要看煤气管道的供气能力。

　　燃气热水器还有按功率标注的，功率与"升"大约是两倍的关系，例如20kW大

第1章　第2章　第3章　第4章　第5章　第6章　第7章　第8章　第9章　第10章　第11章　第12章

上篇　火眼金睛选家庭装修材料

下篇　装修完成后常会后悔的39件事

约对应10L/min的出水量。

3. 买强排式的

燃气热水器有直排式、烟道式、强排式（强制排气式）等。现在市场上销售的燃气热水器都是强排式，其他的已经不生产了，但也不排除有库存货存在。

特别要注意的是，强排式热水器需要往室外排气，这个气体一般都有一定温度，所以燃气热水器的排气管都是金属的。排气时，此金属排气管也是有温度的，所以，最好的设计是金属管直接穿墙而出，不要横穿其他房间，比如卫生间。特别需要注意的是，绝对不能走烟道。为了避免雨天进水，排烟管要略朝下伸出去。如果要走吊顶，燃气热水器的排气管要注意避开同在吊顶中的抽油烟机的塑料排气管，避免塑料管长期受热老化。

4. 安全第一，兼顾外观

选购燃气热水器时不要过于关注价格，而是要看其安全性，要看该品牌的热水器是否有完善的售后服务。尽量选信誉好的生产厂家和性能最优的机型，并且选择售后服务有保障的产品。

热水器的外观也很重要。正规厂家的中高档机一般都是内外兼修，外观好的产品，其内部材料也会好一些。在安全性和售后都有保证的情况下，大家可以按照自己的喜好选择款式和材质，比如超薄型的不占空间，不锈钢面板的耐腐蚀，有温度显示板的方便控制水温等，各取所需即可。

5. 验机

在准备购买前一定要仔细验机：看热水器外壳上所标的燃气种类与自家的燃气是否相同；看生产厂家是否有生产许可证；看热水器是否具有检验证、合格证、说明书和保修卡；看外观是否完好，各种旋钮是否灵活、有无卡涩阻滞现象。

6. 注意安装费用

热水器安装一般只免人工费，多加的水管、气管等要另外收费。为了不被动，安装前要让安装工人事先出示收费标准单，安装完后索要收费收据以便保修、投诉。你也可以自购材料，不过这并不能少花钱。

（1）燃气热水器还需要用电，所以必须给燃气热水器预留一个插座（最好使用带开关的插座，配防水罩）。

（2）燃气热水器的型号尽量在水电改造时就决定。与燃气热水器相关的管路有三个：冷水进水管、热水出水管、燃气进入管。这三个管的相互位置，不同型号的燃气热水器都不一样，所以需要先确定燃气热水器的实际型号，然后再预留这三个管路的位置。

（3）有的型号的燃气热水器可以包到橱柜里，但要注意通风，比如此处橱柜的吊柜不做顶、底板，而是安装百叶门等。

（4）冬天使用热水器的时候不要关闭电源，因为其内部的自动防冻装置是要用电加热的。

（5）尽量不要改变、移动燃气管线，如果要改，一定要请有专业资质的公司。当然，改造的价格会非常昂贵。

（6）注意与厨房的距离。一般热水器都安装在离气源近的地方，常见的是厨房。因为改水管比改煤气管便宜，而且安全。燃气热水器起动后，都要先放一段冷水（水管中的存水），水管越长，放水时间越长，放水也越多。另外，热水在水管中流动时会散失热量，水管越长，热量散失越多。如果水管是暗埋，墙壁也会将热量传导出去。因此，大家在安装燃气热水器时要注意一下热水器与卫生间的距离。如果厨房离卫生间过远，热水器就不要装在厨房了，而应装在离卫生间比较近的地方。

电热水器——正品才能保证安全

购买档案

关键词：储水式电热水器，即热式电热水器

重要性指数：★★★★★

选购要点：安全第一，选择口碑好的品牌产品，选择合适的容量，核心元件质量要过硬

电热水器作为热水器中的重要种类，一直受到消费者的青睐。目前，市场上的电热水器主要有储水式电热水器、即热式电热水器供消费者选择。有些商家推出了带有"智能保养"功能的集速热、储热为一体的速热储水式电热水器。

储水式热水器有储水箱，其容量有30L、40L、50L、60L、80L、90L、100L等，小厨宝是小型的储水式电热水器。

储水式电热水器的优点是安全，只要有电路的地方就可以安装。其最大的缺点是预热时间长，一般要在洗澡前一个小时打开电热水器，预热及保温过程需要大量散热，非常费电；其水量有限，洗澡时间如果长点，最后就会没有热水了。此外，储水式热水器的体积大，比较占用空间；内胆长期受高温浸泡，易漏水；发热元件长时间加热保温，易损坏。

即热式电热水器无需储水，优点是不需要预热，即开即热，用水量不受限制；体积小，不占地方。其缺点是工作功率很高，至少需要截面面积为$4mm^2$的电线，有些老房子必须改造电路，费用高；冬天水温往往达不到洗澡要求，不建议购买。

选购技巧

1. 储水式电热水器的选购要点

（1）看品牌和服务。到正规的家电卖场或大的电器行购买热水器，选择售后服务好的名牌产品。一般来说，敢于承诺优厚售后服务的，往往有优质的产品和雄厚的资金作支撑。品牌产品一般都有上门安装、免费移机等一系列服务，为消费者免去了不少麻烦。

（2）看安全性能。电热水器作为用电产品，其安全性直接决定了使用者的人身安全，所以安全性能一定要有所保障，切不可贪便宜买三无产品。检查安全性能可以看两部分：①查看生产厂家是否具有3C认证标志；②看产品是否有接地保护、防干烧、防超温、防超压4项常规保护装置。高档的热水器还有漏电保护和无水自动断开以及附加断电指示功能。

（3）选择合适的容量。容量的选择主要取决于家庭人口。一般来说，一个人淋浴，可选择容积为30~40L电热水器；2~3人连续淋浴应选购40~50L电热水器；3~5人连续淋浴使用则需选购70~100L电热水器。

（4）看内胆。内胆品质是考量储水式电热水器的关键，它直接影响热水器的安全性能、使用性能和工作寿命。目前市面上的电热水器内胆主要有三种：镀锌内胆、不锈钢内胆和搪瓷内胆。从防腐性、保温性、使用寿命等方面综合考虑，搪瓷内胆最佳。

（5）看保温效果。热水器的保温效果主要由保温层的厚度和保温材料的密度决定，大家应尽量选择保温层厚度大和保温材料密度大的产品。一般来说，聚氨酯发泡保温性能最好，泡沫塑料保温性能次之，石棉和海绵因难以与电热水器紧密贴合，一般只作为电热水器的辅助保温材料。

关于保温层的各种数据都标注在产品说明书中，大家多对比几款产品就可以了。

（6）看防腐除垢功能。由于热水器通常在70~80℃的水温状态下工作，除垢功能显得尤为重要。建议大家选择带有"智能保养"功能的产品，它可以实现热水器的"自我保养"。

（7）看节能性。储水式电热水器的能效分为1~5个等级，其中一级等级最高也最省电，五级最低，是市场准入的门槛，低于5级的产品将不能在市场上销售。建议选择二级能效以上的产品。储水式电热水器的节能水平直接看产品外壳上的能效等级标贴即可。

（8）看智能性。现在的热水器越来越趋于智能化，功能全的热水器会有一些人性化的功能设计，如智能管家、待加热时间提醒、峰谷节电、稳压恒温功能、磁化功能等。大家可以根据自己的喜好选择需要的附加功能。

（9）检查外观。注意热水器的铭牌标志是否齐全，所附的零部件要根据清单核对清楚；检查开关、温控器是否灵活有效；观察其外观是否色泽均匀，油漆有无剥落，金属外壳有没有碰撞的痕迹；在购买热水器时，一定要索取正规的发票，上面一定要有热水器的品牌、型号，同时要保管好产品说明书和保修卡，它们都是今后维权的重要凭证。

（10）通电试验。如果热水器允许现场体验，可以通电试一下各项功能。或者在商家上门安装完成后，现场通电试一下。

（11）严防假冒伪劣产品。假冒伪劣产品往往用三无产品冒充知名商标，或者用组装产品冒充进口原装商品。此类商品一般外观较粗糙，通电后升温缓慢，达不到标准要求，现场一试就可现形。

2. 即热式电热水器的选购要点

（1）检查生产厂家的资质。相关资质包括是否在工商等相关部门登记注册，电器产品是否通过3C认证。

（2）看发热体。发热体是即热式电热水器的心脏部分。目前市场上的发热元件主要分为金属发热元件和非金属发热元件，其中金属发热元件的材质有纯铜、不锈钢和不锈铁，纯铜的造价最高，整体发热较好；非金属发热元件又分为玻璃管涂炭和卤素管光能发热元件，其中卤素管光能发热元件的发热效果更好。

（3）看控制系统。即热式电热水器控制系统主要有手动控制和自动控制两种，性能上各有千秋，主要根据消费者的使用习惯来购买。但从价格方面来看，手动的价格低，不易出故障；自动的价格高，一旦坏了就很难修理。

（4）看防电墙。防电墙分内设和外设两种，其中，内设防电墙由于造型美观、性能稳定受到大多数消费者的欢迎。切记，没有防电墙的热水器千万不能买。

（5）看功率。即热式电热水器工作时，电流很大，现在新房的电线通常够用，但老房的电线则不能保证，有些需要重新改造。另外，现在家用电表的负荷一般在8000W以上，为了不影响其他家庭用电器，最好选择不超过7500W的即热式电热水器。

特别提醒

（1）储水式电热水器外形一般较大，在选购时要注意尺寸大小，确保其能在浴室进行安装。安装的位置最好能便于维护和保养。如果需要在浴室顶棚中进行隐藏式安装，则要在装修时提前购买热水器。隐蔽安装时，要注意给电热水器留出维修的空间，可以将铝扣板靠近热水器的部位做成活动的。

（2）安装电热水器前一定要检查电路是否可靠地接地，而且要根据电热水器功率的大小选择合适的插座和电源线，这一点至关重要。电源插座要尽量远离热水器，最好在2m以上，以避免淋浴器喷洒的水接触到电源插座上造成触电事故。

（3）电热水器，尤其是储水式的必须悬挂在承重墙上，如果卫生间没有合适的承重墙，可以从房顶或者梁上安装支架把热水器托住。

（4）第一次使用储水式电热水器时，必须先注满水然后再通电。

（5）储水式电热水器中必须加装安全泄压装置，泄压装置中的排泄管应与大气相通，绝不能将其任意堵住，以免发生意外。

（6）储水式电热水器的镁棒要及时更换。镁棒属消耗品，养护不及时容易造成电热水器漏电。

（7）电热水器一定要经常检查及清理，因为水中或多或少都有杂质，加热体部分使用一段时间后，很容易被水中的碱性物质腐蚀，也会造成电热水器的漏电。

（8）在洗澡前，一定要切断储水式电热水器电源——虽然电热水器设有断电保护装置，但为了安全起见，使用前最好先将电源切断（即拔下插头），以防触电引起人身伤害。

太阳能热水器——质量和安装并重

购买档案

关键词：集热，寿命，使用周期

重要性指数：★★★★★

选购要点：要有质量保险，水箱越重越好，真空管要合格，支架承重力要足够强，商家的安装很重要

太阳能热水器是利用阳光中蕴含的能量将水加热，属于可再生能源技术的一种。

太阳能热水器的最大优点是安全、环保、节能。高档的太阳能热水器设计先进，很多还设计有电辅助加热功能，在阳光不充足的时候也不用担心水温不足。但是，太阳能热水器体积庞大，安装麻烦，在中国，只能是顶楼用户才可以安装。由于普及率非常低，所以太阳能热水器的价格成本及维护成本都比较高。另外，由于水箱中的水长时间静止不动，极易滋生细菌，使用久了内壁还会产生水垢。如果使用普通的产品，阴天、冬天也许无法满足洗澡的温度，一年可能只能用几个月。

总体来说，现在的情况下，中国家庭还是更适合使用燃气热水器和电热水器。

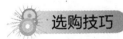 **选购技巧**

1. 选择有质量保险的品牌产品

真空管是热水器的重要集热元件，它由高硼硅硬玻璃制造而成，虽然其具有较强的抗冲击性，但遇大冰雹仍会受损。如果你购买的太阳能热水器有质量保险，并且赔偿及时、售后服务好，就不会有后顾之忧了。

为了获得优质的产品和售后服务，建议大家选择名牌产品和实力雄厚的经销商（经销时间较长、产品质量投诉率低），它们出售的产品保修时间较长，且服务较好。为了不买到假货，最好去专卖店或正规市场购买，认清品牌标志和生产厂家。

太阳能热水器体积庞大，适合在屋顶安装

2. 水箱越重说明材质越好

购买太阳能热水器，首先看产品所用材料，一般来说，材质越好，产品越重。水箱的重量主要由水箱外壳和内胆以及水箱外壳与内胆之间的发泡层决定，选购时可以通过下面几个方面来判断水箱的优劣：

（1）高档水箱的外壳和内胆都是用厚不锈钢钢板制作的，厚度至少在0.7mm以上。而一般或差的水箱往往用单薄的不锈钢板或铝材、角铁、彩钢等制作。因此，高档水箱掂起来往往较重，比较差的水箱则重量较轻。

（2）热水器的内胆质量无法通过外观来鉴别，消费者可以通过看说明书来判断。一般正规厂家生产的热水器会在说明书中详细说明内胆的材质。对内胆情况含糊不清者最好不要买。

（3）发泡层直接关系到热水器的保温效果和寿命，高档产品的发泡层采用机器高压发泡。发泡层有两种材料，包括泡沫和聚氨酯。如果用泡沫做热水器的保温材料，则使用寿命只有3~4年，而聚氨酯则可用15年以上，选购时应该问清楚。

（4）储水箱使用无焊接工艺能使产品寿命大大延长。

3. 看热水器的功能

从使用的方便程度上看，最好挑选有自动上水、止水和自动显示水位、水温的产品，而不要买那种储水箱水满后往外溢水的热水器。

要想在雨雪天气也能有充足的热水，应购买有电加热装置的太阳能热水器，但是要注意一定要有电气安全设计。

第1章　第2章　第3章　第4章　第5章　第6章　第7章　第8章　第9章　第10章　第11章　第12章

上篇　火眼金睛选家庭装修材料

下篇　装修完成后常会后悔的39件事

此外，太阳能热水器有许多看起来很好的功能，事实上却经不起时间的检验，选购时一定要向商家问清楚使用年限。

4. 看真空管

真空管是太阳能热水器的关键部件，直接影响到太阳能热水器的性能，所以一定要选择按照国家标准制作生产的产品。判断真空管的质量有几个简单的方法：

（1）看粗细。真空管有粗管（一般直径为58mm）和细管（一般直径为47mm）之分。相对而言，粗管集热面积大，集热快，水温高。

（2）看单支真空管的重量。重量轻的，说明所用的玻璃料薄，更容易冻坏。

（3）看涂层颜色。目前真空镀膜的材料主要有单靶机和三靶机两种，其中三靶机的质量较好，消费者可以通过外观加以鉴别：单靶机真空管外表看起来灰蒙蒙的，内壁则为浅黑色；而三靶机真空管外观偏蓝，内壁为暗红色。质量好的真空管涂层颜色均匀，膜层无划痕、无起皮或脱落现象，玻璃上也没有结石或节瘤现象，内玻璃管的支撑件放置端正、不松动。

（4）看真空管之间的管间距。一般两管的中心距在70mm左右为宜。

5. 看支架的承重力

由于太阳能热水器装在屋外，而且体积较大，所以支架应有足够的强度和刚度，这样才能确保有足够的承重能力。在一些日常风力较大的地区，尤其是沿海地区，太阳能热水器还应选择具有抗风能力的。

6. 看热效能

说明书中一般会标示热水器的热性能指标，"平均日效率"越高越好，"平均热损系数"越低越好。

7. 选择合适的容量

热水器的容量要根据家中使用人数而定，一般以每人40L水的标准为宜。太阳能热水器的容量计算与储水式电热水器不同，所以选购时应问清楚经销商热水器所标称的容水量指的是全部的容水量还是实际能使用的容水量，两者相差多少。实际能使用的容水量是指洗澡时可以使用的有效水量。

特别提醒

（1）太阳能热水器的安装非常重要，在安装过程中应注意支架安装得是否牢固，所有螺钉及接头是否上紧，上下水管安装位置是否合理，热水器本身是否有加固措施等。另外，在上水管路中一定要安装止回装置，以防止热水回流，倒灌入冷水管道。

（2）由于太阳能热水器安装在户外，因此使用一段时间后，真空管上就会积累灰尘，从而导致吸热效率降低。所以对真空管应定期清洗，冬季雪后更需要及时清理。如果自己无法清理，则应询问经销商是否有定期清洗这项服务。

浴霸——安全第一

购买档案

关键词：防爆，光污染，功率，售后服务

重要性指数：★★★★★

选购要点：选低色温灯泡，要有3C标志，要有防爆保护，选择有就近服务网点的品牌产品，货比三家

浴霸又称"室内加热器"，用于浴室内沐浴时取暖，是现代家庭中比较普遍的加热电器。

市场上浴霸产品众多，种类多样。按照取暖方式不同，浴霸分为灯暖浴霸、风暖浴霸和双暖流浴霸。灯暖浴霸是以特制的红外线石英加热灯泡作为热源，通过直接辐射加热室内空气，不需要预热，可在瞬间获得大范围的取暖效果；风暖浴霸主要以PTC陶瓷发热或碳纤维丝组件为热源，具有升温快、热效率高、不发光、无明火、使用寿命长等优点，同时具有双保险功能，非常安全可靠；双暖流浴霸采用远红外线辐射加热灯泡和PTC陶瓷或碳纤维丝发热组件联合加热，取暖更快，热效率更高。

冬季洗澡，浴霸不可缺少。然而关于浴霸的一些负面消息也层出不穷，最常见的就是爆灯以及影响视力等。因此，选购浴霸时，不但要追求温度，还需要考虑一些相关因素，包括浴霸的安全性、卫浴间的情况以及家庭成员的情况等。

选购技巧

1. 尽量选择低色温设计的灯泡

浴霸取暖主要由灯泡实现，如果灯光过于耀眼，则会干扰人体大脑的中枢神经功能，出现头晕目眩、失眠、注意力不集中、食欲下降等症状。还有资料显示，光污染会削弱婴幼儿的视觉功能，影响儿童的视力发育。所以尽量选用低色温的灯泡，避免对视力和皮肤的伤害。另外，在使用浴霸时，眼睛不要直接对准浴霸灯，尽量减少视线与灯泡的接触。

浴霸的安装要严格遵守规范

2. 取暖灯的质量要过硬

采用光暖辐射的浴霸取暖范围大、升温迅速，瞬间可升温到23~25℃，如果取暖

灯不防水、不防爆，就可能会爆灯。所以，灯泡要有特别的防护设置。

（1）应该挑选取暖灯泡外有防护网的产品，防止灯头和玻璃壳脱落的发生。

（2）选择采用了新型内部负压技术的取暖灯泡，这种灯泡即使破碎了也只会缩为一团，不会危及消费者的人身安全。

凡具备以上特点的高质量浴霸，产品说明书中应有记录。

3. 根据使用面积和安装高度选择浴霸的功率

选购多大功率的浴霸，要由浴室的面积和高低来确定。对于灯暖浴霸，现在市面上的浴霸主要有两个、三个和四个取暖灯泡的，以一般的2.6m的高度为例，4m^{2}左右的浴室适合用两个灯泡的浴霸；6~8m^{2}的浴室适合用4个灯泡的浴霸，中间面积的则适合用3个灯泡的。对于其他类型浴霸，请按照说明书购买。

4. 仔细检查以下细节

（1）认准"3C"认证标志。浴霸产品是国家强制安全认证的产品，按照国家"3C"认证规定，浴霸每种型号的产品都应该有"3C"认证并获取相应的证书。消费者在选购时，可以向商家索取相关型号产品的证书号或证书，证书号可以在"中国强制产品CCC认证-3C在线"网进行验证查询。

合格的浴霸一般会有热温安全保险装置，当电压不稳、温度较高时，可自动安全跳闸，待恢复正常后又可返回到工作状态。

（2）检查包装和配件。正品的包装外观应光洁，图文印刷应精致清晰。如果连产品外观乃至包装都显得粗糙，那么浴霸的品质就很难保证了。同时，产品包装内应附有说明书、产品合格证和安全指南，产品应附有开关板、接线盒和排风口。

（3）检查浴霸的做工。检查浴霸表面是否均匀光亮，无脱落、无凹痕或严重划伤、挤压等痕迹；查看暖灯和照明灯灯泡的防爆性能；查看灯头与灯座连接是否牢固。

（4）通电试运行。请销售人员通电试运行浴霸，看产品功能是否正常，感受一下取暖效果是否明显，照明、换气是否正常。仔细听听电机，是否有抖动及杂声。

5. 看售后服务

选购浴霸品牌时，要选择专业厂家生产的并被市场公认，且在本地有维修网点的名牌产品，这样的产品往往质量更稳定，售后服务也更有保障。

6. 货比三家

浴霸价格并非越贵越好，消费者选购的时候最好货比三家。

下 篇 装修完成后常会后悔的39件事

　　有些事情，做错了可以后悔，但是在装修中，如果做错了，后悔的代价往往让人无法承受，因为有些工程无法返工，有些能返工但是会带来非常大的金钱浪费。在这些错误中，有些是最初的决策失误，有些是该做的没做，有些是不该做的做了等。编者在这些事情中选取了"后悔率"最高的39件事，希望广大业主在装修过程中能够避免。

第8章　决策性错误

装修之前，规划先行。装修之前最重要的事就是做好规划，包括设计装修计划、找装修公司或装修队、确定去哪里购买家装材料、买什么样的家装材料等。总之，装修前的规划就是装修的指导方针，决策错了，就如同出发时走错了方向，不论付出多少努力，只会距离目标越来越远。

第1件事　工序弄颠倒了，大都要返工

关键词：工序先后顺序

后悔指数：★★★★★

不少家庭的装修工期一延再延，不是工人干活磨蹭，而是业主自己不会安排工序，造成不断返工，浪费时间，浪费金钱。有时候，错误的施工顺序，甚至会造成无法弥补的损失。

 应该这样做

装修中有几个工序最容易颠倒，一定要注意。

1. 橱柜一定要先行

"装修伊始，水电先行"，这话没错，但是有一个例外，那就是橱柜。由于橱柜设计需要与厨房中的整体设施相配合，所以，在厨房进行水电改造前，应该先请橱柜厂家的人上门测量，根据橱柜款式与现场的煤气、水电位置出一份完整的水电改造图，将厨房中难看的管道、仪器巧妙地遮盖起来，同时对上下水和电路位置进行一次性改造。如果装修大半后才想起订橱柜，上门测量的人员告诉你原先的水电改造统统不合适，则只能拆掉重来，费时费力。

2. 壁纸要在装插座前贴

很多人为了避免人为损坏壁纸，将贴壁纸安排为最后一道工序，使壁纸与开关、踢脚线的接口部位处理不好，很不美观。正确的做法应该是，在施工主体工程完成后，先贴壁纸，再将残边用开关、插座和踢脚线板整齐地将壁纸压在下面，这样不但好看，壁纸也更牢固。

3. 先打空调洞再刷墙面

通常来说，家用电器是在墙面施工完成后才搬进的。但是空调洞却要在刷墙面前完成。因为打空调洞时会产生泥水，如果墙面粉刷后再打洞，则会污染墙面。

4. 先量坑距再买坐便器

许多业主在购买坐便器前会忘记测量坑距，导致坐便器装不上。坑距指下水口中心至水箱后面墙体的距离，误差不能超过1cm。如果坑距偏小，坐便器安装后会出现上、下排水密封不严，导致渗水，带来脏污；如果坑距偏大，安装后会造成水箱与墙体空间距离偏大，影响美观。因此，买坐便器前必须测量好坑距，安装时排水口要上下对正，密封严实。

5. 抽油烟机一定要在上门量橱柜尺寸前购买，或者事先选好，量好精确尺寸

如果先定橱柜再安装抽油烟机，二者之间的距离会难以掌握，导致安装后二者之间出现较大的缝隙，大大影响厨房的美观。事先安装抽油烟机并不会影响其他工程，因为它可以随时摘下来。

第2件事　找熟人装修，没有实地考察

关键词：杀熟，偷工减料，工程不合格，实地考察
后悔指数：★★★★

不少人喜欢找熟人推荐的装修队，或者直接找熟人装修，结果隐患无穷。归纳起来，找熟人装修有以下一些隐患：

（1）在朋友家活做得不错的装修队，到了你家不见得一样好。因为在你朋友家施工时，可能还处于赔本赚吆喝、攒声誉的阶段。等名声打响了，到了你家可能就换了一批所给工钱低的工人，或者为了挽回以前的损失，在你家偷工减料。

（2）找熟人装修就更不可取，除非这个熟人是你的至亲或者经济共同体，如合作伙伴。熟人装修的最大弊端在于，出了问题你不好意思要求改正，有苦说不出。

（3）不排除杀熟。装修对于大多数家庭来说，可能一辈子就一两次，所以，一些不太有良知的装修队不会考虑积累客户，而是能宰一个是一个。杀熟是最便利的宰人途径。他们可以拉下脸来，提供价格贵、水平次的服务，业主却碍于面子，不好意思提意见，只能凑合着用。

（4）如果迫不得已中途撤换装修队，会引起后面施工难以衔接等诸多问题。而对于这种"烂尾"工程，其他装修队也都不愿接，或者会借机抬高价格，使业主蒙受损失。所以一开始就要考察好装修队，中途撤换是很麻烦的。

应该这样做

1. 到施工现场做实地考察

不要偏听偏信亲戚朋友的介绍，一定要去施工现场看一看。一来亲朋好友们不

是行家，推荐难免有误；二来他们可能只是做一个顺水人情。

2. 与装修公司合作，一定要指定满意的施工队伍

装修公司一般会有多个合作的装修队，如果交给装修公司，签合同前要多看几个施工现场，考察工长的管理能力和工人的手艺。只有选择一个好工长才能做出放心的活儿。找到称心的工长和工人后，要在合同中指定这些人。

3. 不要"万金油"式的队伍

术业有专攻，如果施工队中一人身兼数职，这样的队伍千万不要用。

4. 避免大装修公司

家庭装修是细活，那些做过复杂工程，如装修过某某大厦或知名工程的大公司，未必能将家装做好。

第3件事　与装修公司的合作方式错了

关键词：包工方式，中途加价，工长或项目经理

后悔指数：★★★★

"最近家里装修，必须时刻有人盯着，人要是离开一会儿就会乱套。我和家人气得快吐血了，又不敢发火，怕他们一生气撂挑子不干了，一时半会到哪儿找接替的人去？！"

"装修师傅为什么总是乱来，有问题为什么不打电话啊？！"

……

如果你家的装修队出现诸如上面这些情况，则只能说明一个问题：你找的施工队素质有问题。

 应该这样做

1. 如果不是特大户型并且打算简单装修，找"游击队"更合算

如果只是简单装修，业主自己就可以当设计师。就算业主没经验，找有工作经验的装修队工人也可以胜任。

2. 找装修公司或装修队的重点是看项目经理或工长的素质

装修质量的好坏要看装修队的责任心如何，其中重中之重是工长的责任心如何。大家最好找给亲朋好友家装修过并得到认可，而且你自己也亲自确认过的装修队。

3. 跟装修公司或装修队合作，最好不要全包

与装修公司或装修队合作有三种方式：包工包料、包工包辅料、包清工。不少人由于时间关系，采取全包方式，这样容易给一些职业道德较差的装修队坑人的机会。业主大都没有经验，验收时粗看挑不出毛病，住一段时间后，就毛病多多。所以，住房装修即便全包，也要经常查验工程材料、质量，绝不能一包了之，当甩手掌柜。

编者的建议是，如果不是时间特别紧，业主最好采用清包的方式，重要的材料自己采购，这样不但能省很多钱还能保证质量。

4. 合同洽谈一定要充分，以免装修公司中期加价

一些装修公司为了低价竞争，在洽谈合同时故意漏掉必要的工艺程序，中期迫使业主不断增加新项目，借机要高价。

5. 合同一定要签详细

首先，装修公司或装修队提供的材料一定要在合同中详细注明，具体到某品牌某系列某编号，要知道，同一品牌的产品，型号不同，质量、价格都可能差之千里。如果不将所用产品在合同中标注清楚，装修公司就有可能偷工减料，用相对较差的材料。

其次，施工流程和工序要在合同中写清楚。例如，墙面涂几道底漆和面漆、用什么工艺等。这些都是装修队可能偷工减料的地方。

总之，签订装修合同时要事无巨细，不要不好意思，或者怕麻烦。

6. 责任一定要到位

业主与装修队打交道之初，就要树立自己的威信，让工人知道你不好糊弄。具体可以这样做：一开始就申明，你对工程很挑剔，如果不合格一定要返工，返工造成的损失一概由施工者承担。在说的时候，多用些术语，让工人们知道，你确实是懂行的。树威的同时还要记得施恩，工人们如果做得好，不妨直接表示出自己的满意，甚至可以给一些物质奖励，如多加几百元工资等。

7. 装修款不要一次全部支付

许多家庭在装修时，往往是工程一结束，表面看上去没问题，马上将工程款全部支付给装修队。这种做法是错误的。因为只有住进去以后才能发现材料、施工质量是否有问题。如果装修完工后，你没有把钱全部付款给施工方，那么一旦发现质量问题，施工方将会应约来维修。即使他们不来，也可以用余款请别人维修。否则，就要做好与施工方长期扯皮的准备。

关于装修款的支付方式，大家在施工前就要在合同中注明，明确指出工程款要一笔一笔地根据进度支付，完工以后要留一笔双方能接受的金额作为质量保证金。

8. 各种单据、图纸都要保存好

首先，与装修公司或装修队合作中的所有单据都要留好，以备出现纠纷时作为凭证。同时，业主自己去购买的家装材料、电器等的收据也要保存好。其次，家庭

第1章　第2章　第3章　第4章　第5章　第6章　第7章　第8章　第9章　第10章　第11章　第12章

上篇　火眼金睛选家庭装修材料

下篇　装修完成后常会后悔的39件事

装修中的各种图纸，尤其是水路、电路图纸一定要保存好。有了这个图，才可以在以后重新装修或修理线路时避免"伤"了电源线和水管。

特别要强调的是，这里所说的是最后的实际线路图，许多家庭并没有绘制这个图纸，这是一大误区。正确的做法是，工人施工后，要他们提供详细真实的线路图纸，同时，业主自己也可以用照相机拍照，保留最直观的第一手资料。

第4件事　花钱无规划，预算严重超标

关键词：攀比，人云亦云，考察市场，均匀用力，合同陷阱

后悔指数：★★★★

装修还没完，钱不够花了——有数据显示，90%的装修过的家庭都遇到过成本失控的情况。之所以出现这种情况，归纳起来有五个原因：

（1）合同不详细，装修公司中期加价。这是业主最容易遇到的事，在前文已有多次提及。

（2）做预算时严重漏项。大家在装修前都会有个预算，但往往只针对大件，却忽略了配件。例如，只算了门的费用，没包括门锁、五金件等配件的费用。殊不知，配件并不比主件便宜多少。

（3）盲目攀比。例如，本来几百元的坐便器已完全能满足家庭需要，非要买几千元的坐便器，等等。没必要的攀比只会让你的装修成为无底洞。

（4）人云亦云。设计师说了什么、亲戚朋友说了什么，都能左右你的想法。很明显，把装修控制权交给其他人，就等着"烧钱"吧。

（5）均匀用力。导致该省钱的地方花多了，到该花钱的地方没钱了。最终，钱没少花，却看不出什么亮点。

 应该这样做

1. 提前考察，做个可靠的预算

几乎每个人在装修前都会做预算，但多数人只是凭空想象数字，这样的预算没有任何可行性，做了等于白做。因此，大家最好在装修前花几个月的时间多转转市场，了解一下市场行情，这样才能做出合理的预算。

由于绝大多数预算都会超标，所以有人说，预算没用，只要多准备钱就可以了。对于普通家庭来说，这话说对了一半，钱要准备，预算也要有。预算的最大作用就是时刻提醒你，要理智花钱。在装修中，如果能将预算超出额控制在10%以内，那就可以称为管钱高手了。

2. 将装修工程分块，给每一块都设置一个绝对不能逾越的上限

家庭装修费用一般包括人工费、材料费、设计费、监理费等几大部分，虽然我们无法具体细化到每一个项目，但可以给这些大版块设置一个不能超越的上限。如果某项超标，就要在其他项目中调整回来。

特别要强调的是，这项工作要建立在充分的市场调查的基础之上。如果没有调查市场价格，所做的预算就不过是一纸空文。

3. 报价单一定要详细

在与装修公司或装修队签合同时，报价单是最容易被施工方做手脚的地方。因此，大家在核实报价单时，一定要仔细核实工艺程序是否齐全，不可有漏报项目；要确保每道工序都有详细的技术说明，要精确到刷几遍漆、用几号砂纸的地步；要确保施工方提供的材料准确到型号，因为同一品牌的产品，型号不同，质量和价格都有很大的差别。总之，杜绝一切可能的合同陷阱。

4. 花钱不要先松后紧

装修开始时，手头比较宽松，这时一定要控制好资金，理智购物。

5. 不要盲目攀比，不要人云亦云

谁都希望用最好的东西，但是如果经济能力有限，就一定要克制自己的购买欲，一切以实用为主。例如，朋友家装了浴缸，你不喜欢泡澡，就没必要为了攀比也花几千元装一个。

另外，自己的地盘自己做主，要有主见，不要被别人的意见牵着鼻子走。尤其要注意的是，不要被设计师的意见所左右。例如，原来家中有供暖设施，没必要学别人家拆掉旧的全部换成新的；房子不够大，就不要每个房间都做吊顶。

6. 花钱要有重点和非重点之分

资金有限的家庭在装修中一定要学会取舍，可要可不要的坚决不要。装修时要把钱花在重点部位，其他部位做平淡化处理，这样反而能烘托出好效果。要知道，均匀用力最费钱，而且效果还不好。

第5件事　风格不统一，把家装修成了"四不像"

关键词：混搭，风格主线，先选家具再装修
后悔指数：★★★

不少人在装修前通常已确定了装修风格，可慢慢地就被众多的信息所干扰，想法越来越多，哪个都不舍得舍弃。最后，家里的风格变成了大杂烩，这个房间是中式风格的，那个房间是欧式风格的，装修成了"四不像"。

可见，成功的装修不只是好材料、好工艺的堆砌，还需要合理的规划。

 应该这样做

1. 在装修之前要设定一个主体风格，装修中可以适当混搭，但不可以喧宾夺主

装修前，业主应该多看一些图片，基本确定自己喜爱的风格。如果请了设计师，就要将这个想法准确地传达给设计人员，并且尽可能地用具体的语言或图片等来说明。"温馨、典雅"这些模糊的字眼会让设计师不知所措，很容易出现设计上的偏差。

如果自己充当设计师，那么事先一定要有一个大致的设计图，装修时尽量不偏离轨道。

2. 先选家具再装修

"先选家具再装修"虽然有悖于传统的"先装修再买家具"的方式，但是却可以很好地协调装修风格。因为装修风格很大程度上是通过家具表现的，如果还没有明确的装修风格，家具风格可以帮你确定装修主调。例如，局部造型、灯光、装饰等都可以随着家具的风格而定。

第6件事　忽视了环保问题，导致有害气体超标

关键词：环保检测，绿色家庭装修材料叠加，环保家庭装修材料，伪高科技环保
技术，有毒绿植

后悔指数：★★★★★

近年来，世界卫生组织公布的世界卫生报告中，室内空气污染已经明确被列为威胁人类健康的十大杀手之一，也就是说，室内装修污染已经成为现代人所面临的最重要污染之一。因为室内装修用材不当引发癌症、白血病等各种病症的案例时常见诸报端。然而，与现状不匹配的是，尽管大家都知道环保的重要性，但是在装修中，业主往往会为了追求低价而忽视环保问题。等到入住后再意识到健康问题，将为时已晚。

 应该这样做

1. 装修完成后最好做环境检测

仅靠闻气味辨别是否有室内空气污染是不科学的，也不准确。这是因为有些有毒有害气体是有气味的，如苯（芳香味）、甲醛（刺激性气味）、氨（刺激性气

味），但有些是无色无味的，如TVOC、氡等。也就是说，有污染的不一定能闻到气味，能闻到气味的不一定有污染。即使是有气味的有害气体（如甲醛或苯），能闻到明显的气味时说明污染程度已十分严重了。

最可靠的检测室内环保是否达标的方法是使用专业仪器，可以请所在城市的质检单位或环保检测部门帮忙验收，当然要支付检测费。

2. 一定要选择绿色家庭装修材料

家装中常见的室内污染主要来自以下材料：①甲醛——来自大芯板、密度板等人造板，以及复合地板、配件及黏合剂；②苯——来自油漆涂料；③氡等放射性物质——来自放射性天然石材。其中除了石材，其他两类家装材料使用量都很大，有害物质的危害也相应很大，购买时不能大意。

为了健康着想，大家在装修时一定要用环保材料，即使贵一点也是值得的。

关于室内家庭装修材料的选购方法参见本书上篇，下面仅就环保问题再简单总结一下：

（1）不要选择层数太多的实木复合地板。层数越多，胶的使用量越大，环保系数越难以保证，一般家庭最好使用三层实木复合地板。无论选择哪种地板，都一定要索取产品环保检测证明，不能因为价格便宜就忽略了环保要求。

（2）安装地暖时尽量不要装实木复合地板。实木复合地板的导热性好，许多家庭安装地暖时选择这种地板。但是，供暖散发的热量会加速胶中有害物质的挥发，不利于环保，建议大家安装地暖时选用地砖。

（3）由于大芯板、胶合板、中密度板和刨花板等人造板材，在制作过程中需要使用大量的含有甲醛、二甲苯的黏合剂，所以或多或少都对环境有害。大家在选购相应产品时，记得要向商家索要由国家权威部门出具的环保检测证明。

（4）选用水性漆，少用油性漆。根据稀释溶剂不同，漆分为水性和油性两种，油性漆及其稀释溶剂中含有苯等有毒物质，合格的水性漆则安全无毒。在家中制作木制家具时，家具外面容易磨损的地方用油性漆，内部看不到的地方用水性漆，尤其是鞋柜、衣柜等通风差的家具，尽量使用水性漆。

此外，装修现场不要大量打制木制家具，以减少油漆的使用。

3. 绿色家装材料不要叠加

绿色产品不是无污染产品，而是污染物含量在国际标准或行业标准之内。所以，即使装饰装修材料都是环保产品，但各种家具和装饰材料释放出的有害物质通过叠加同样会造成严重污染。例如大芯板，环保达标产品依然含有污染物，如果大量使用，就会致使污染物超标。

4. 注意地板配件的环保性

人们都知道木地板是主要的健康杀手之一，然而却忽略了地板配件的环保性。具体来说，需要关注的地板配件有下面几个：

（1）地板胶。木制地板在安装过程会使用大量的地板胶，地板胶在地板块连接处形成胶膜，可以有效锁住地板中游离的甲醛。但是，如果地板胶本身不环保，就失去了环保的意义。因此，环保是否达标成为选用地板胶的主要衡量指标，优质地板胶价格通常较昂贵，便宜的普通胶基本无法保证质量，建议业主尽量自己去正规的商城购买地板胶。如果要用工人自带的胶水，也一定要检查其质量是否合格。

（2）木制踢脚线。大多数木制踢脚线是用甲醛系胶黏剂进行胶合、贴面或上漆的，这种胶漆本身就会释放甲醛。此外，踢脚线的表面无法做到像地板表面一样致密，基材中的游离甲醛很容易在使用中逐渐释放出来，对室内空气环境造成污染。

（3）地板垫。强化木地板在安装过程中，会在地面和地板之间铺设地板垫。在这个狭小的、被人遗忘的空间里，很容易滋生各类细菌，也会成为蟑螂等害虫的藏身地。所以，选择具有防腐功能的地板垫是保证地板全面环保的重要一环。

以上四种木地板配件是地板商的重要牟利点，因而也成为环保隐患。大家在购买这些地板配件时，也要选择符合国家环保标准的产品。

5. 不要轻信环保高科技

随着室内装修环保问题日益被重视，越来越多的企业开始涉足装修污染治理行业，其中不乏浑水摸鱼之辈。这些随之而来的众多以小作坊形式出现的产品，不但不能减轻装修中的空气污染，反而会导致出现二次污染，加重污染。例如，有一种宣称可以吸附甲醛、替代花泥的"高科技"颗粒，实际上其吸附甲醛的能力极其有限，达到饱和后，被吸附的污染物会重新释放到空气中，成为居室中的"毒气弹"。

事实上，即使是有规模、有资质的企业所推出的环保技术也不一定都是安全有效的，大家在装修时要谨慎选购。其实最安全的方法还是少用含污染物的材料，平时勤开窗换气。

6. 不要摆放有害的绿色植物

绿色植物是空气的净化器，吊兰、绿萝、芦荟、巴西木等都是常见的净化空气的高手。但是，并非所有的植物都适合在室内种植，如果选错了绿植，就会适得其反。常见的不易在室内种植的品种有：万年青易导致皮肤过敏；百合的浓郁香气会刺激中枢神经系统；郁金香含有的生物碱被人体接触后会令人毛发脱落。还有一些植物会在夜间与人争氧，导致室内含氧量下降，不适宜养在卧室。总之，大家在种绿植时要事先了解一下该种植物是否适合放在室内。

第7件事　盲目跟风团购，价高质低心痛

关键词：网络团购，现场团购，社区团购，货不对版，虚假报价
后悔指数：★★★★

对于普通家庭来说，大家都希望装修既能上档次又省钱、省时间，所以会自然而然去寻找省钱的购物途径。商家为迎合这一心理，纷纷祭出大招，诸如打折、促销、团购等活动。其中团购是最活跃的一种形式，也是最具风险的一种形式。如果跟了不熟悉的团购，你会发现，自己去砍价会比团购还便宜。

团购是近些年兴起的一种新型购买方式，有网络团购，也有现场团购。团购的优点很明显：其一，因为团购销量大，而且一般都要先预订，所以商家没有存货的压力，理论上比实体店更便宜。其二，参加团购能让大家节省宝贵的时间和精力。

但是，目前团购市场混乱不堪，不是什么样的团购都可以参加的。

首先，社区业主组织的团购不见得可靠。原因有二：第一，他们可能是商家的托儿，因此，他们推荐的产品不见得质优价廉。第二，业主不是专业人士，就算他们不是商家的托儿，团购产品的价格也不见得比单买的便宜。反而因为产品是大批量出手，极可能有个别产品出现质量问题。

其次，面对专业商家的现场团购会更要小心谨慎。很明显，商家绝对不会总是亏本赚吆喝。所用的伎俩无非有二：一是报高价，然后给出很高折扣。看起来，消费者似乎争取到了最大利益，其实不然，最终的团购价格绝对不会低于商家的底价。这个伎俩对于参加过商场节假日打折的消费者来说，一点儿也不陌生。二是把原本免费的项目说成是收费的，然后再承诺这个项目免费。对于不明真相的消费者来说，还以为自己占了便宜，殊不知是掉进了商家的圈套，不但一分钱也没省，还可能为原本免费的项目埋单。

最后，网店团购更是陷阱重重。网购为消费者带来了方便和实惠是不争的事实，但是，网店里充斥着假货也是不争的事实。由于看不到实物，就算资深买家也难免上当受骗。即使网店店主童叟无欺，也依然存在一些问题。

例如，那些直接由厂家开设的旗舰店，由于要照顾到经销商们的利益，在网店中销售的产品往往与线下的产品有一定的差异，简单地说，就是两个渠道分别销售不同的商品。为了以低价吸引消费者，网上销售的往往是设计简单、成本也低的"网络专供"品。也就是说，看起来很像的产品，网店的质量要比实体店的差一些。同时，因为不能讲价，原本可以在实体店要到的优惠也就没有了，这样一来，网购产品的最终价格可能比实体店还贵。

网店购物的其他重要"后遗症"还有：网店运输不见得比实体店更可靠；更重要的是，因为没有实际体验，质量不好辨别，如果买到次品，退换货都很麻烦。所以，不是所有的东西都可以在网上购买。

 应该这样做

1. 多逛实体商场

多去实体商场转转，对商品的价格有个全面的认识。这样才能够真正在团购中获得优惠。

2. 冲动是魔鬼，不要参加不必要的团购

如果团购现场没有你想要的东西，最好不要去，去了不但浪费时间，还可能冲动购物。绝大多数用户到现场之前并没有决定买什么，最后因为现场营销效果做得好而买了东西。虽说团购定金大多可以退，但是退单是要花时间的。另外，你冲动地买了许多不需要的东西，也打乱了你原来的装修计划和节奏。

3. 参加团购前，事先列好详细的购物清单

如果团购中有你想要的东西，事先一定要做好计划，如什么品牌、什么型号、什么价位，等等。如果团购产品不能达到你预先设定的目标，就坚决不买。

4. 尽量不要先交全款

团购家庭装修材料一般先交定金，然后交全款。交定金时不必确定具体型号，定金一般是可以退的。一般标准化产品是可以交货后再付余款，而非标准化产品则是要先交全款再进行生产。

购买标准化产品时，如果价格并不是特别低廉，而商家却要求交全款或者超过30%的大比例定金，业主尽量不要交。你交了全款以后，商家并不一定留货。等你用的时候，钱在别人手中，却没有货，自己想反悔都没机会。

5. 重要的商品最好不要网购

网购虽好，但一些大件或者需要当面体验的产品最好不要在网上买。

（1）乳胶漆实体店都可能买到假货，网购更不能保证质量。一旦中招，不但耽误使用，还可能产生纠纷，你总不能为了几桶漆去异地打一次官司吧！

（2）以玻璃为主材的家具、家装材料等不适合网购。这种材质的物品容易在运送途中出现破损，事后不易追究责任。

（3）体积大、运费高、用量无法精确计算，且对安装要求较高的材料不要网购。如瓷砖、地板等。这些产品如果是在实体店购买，通常都是由供货商负责送货和免费安装，而网购不会负责安装。就算这些产品比实体店便宜，但是加上运费和安装费，以及寻找安装工人所花的时间和精力，足以抵消网店与实体店的价差了。更何况，如果是正品，网价和实体店价格差别不会太大。

（4）陶瓷用品、卫浴洁具、大型水晶灯、漆面家具等分量重、体积大、容易损坏的物品不适合网购。这些产品对外观要求较高，运输途中又很容易被刮坏而影响美观。

（5）大件家具不要网购。一般来说，去家具批发城购买家具，经过一番砍价后，价格都能低于网价，还能够任意挑选。如果是组装家具，实体店还可以帮着组装。而网店的产品因为看不到实物，就算可以保证板材没问题，但是那些复杂的配件谁又能保证质量呢？尤其是贵重家具，成千上万的价格，不亲身体验一下，怎么放心得下！

（6）套装门。网上的套装门普遍较贵，还不如随随便便找家实体店，不但便宜还负责安装。

总之，对于价格昂贵、安装要求高的产品，能在实体店买到就不要网购。当然，那些小饰品、小件家具或者对质量要求不是特别苛刻的家装材料，可以去网购，如墙纸、墙贴、桌布、各种软装饰等，网上价格确实比实体店便宜一些。

第8件事　对空间规划不到位，后期修改很浪费

关键词：垂直划分，水平划分
后悔指数：★★★★

在高房价时代，每一寸空间都很值钱。在房间面积有限的情况下，只有合理设计家居空间和布局，才能在有效的面积中实现自己的居住愿望，表达自己的生活品位，同时又能最大限度地省钱。

凡事预则立，不预则废。大家不妨回想一下，身边那些装修得很好的家庭，事先必定有详细的计划。与之相比，很多业主在拿到新房钥匙后，要么没有明确的计划，全凭一时好恶边装边看；要么只有大概的想法，没有详细的图纸，装着装着就走样了。等到发现时再改就很难了，因为耗时耗力又费钱，所以很多业主选择了将就，几十年住在不舒心的房子里。

业主们拿到钥匙后，不要急着装修，应先确定装修风格，所使用的装饰材料、家具的购买和摆放位置等细节都要做到心中有数。

在网络如此发达的今天，关于装修的各种资讯很多，各种装修效果图，各种产品，还有各种装修知识应有尽有。只要用心，每个家庭都可以装修得很有档次。

应该这样做

为了充分发挥业主的个性，毛坯房的内部格局往往非常简单。这样业主可以根据自己的需要和喜好，随意划分空间。在规划居室空间分配时，主要应该关注下面几个核心问题。

1.确定厅、房的比例

有的人喜欢厅大房小，有的人喜欢厅大房也大，那么在规划空间时就要考虑到这一点。

2.确定厅、房的数量

有的家庭需要两个客厅，有的家庭喜欢多几间房。那么，在做装修设计时就要

详细规划如何划分。

3. 确定厅、房的位置和功能

同样的户型，可根据居住人口和使用侧重点，做不同的处理和划分：如该划分为几室几厅，客厅、餐厅怎样安排，卧室、儿童房和书房放在什么位置，需不需要准备客房，每个房间占多少面积等都需要有详细的规划。甚至什么地方摆桌子，什么地方摆床，摆什么样式及大小的家具，微波炉、饮水机、健身器、拖把池安排在什么位置，是选择坐便器还是蹲便器，是选择浴缸还是淋浴房，这些更细节的地方都应该仔细敲定。

4. 确定顶棚和地面的高度

做不做顶棚，做多高，用什么形式；地面是否搭建地台；如果做隔断，用多高的空间隔断等。这些看起来琐碎的细节，会直接影响到入住后的舒适感，一定要事无巨细，仔细考量。例如，顶棚如果做低了，就会让人觉得压抑，假如事先没有计划，等做了以后才发现问题，改动空间就很小了。

5. 可以用多变的手法划分空间

当空间划分明确后，接着要考虑的就是如何去间隔这些区域。可以用到顶的轻体隔墙等实体界面封闭式分隔空间，也可以用各种不到顶的隔断、屏风和较高的家具进行局部分隔。还可以用折叠式、滑动式、升降式等活动隔断和幕帘营造可随时变动的空间。甚至还可以只用色彩、照明、绿色植物以及不同的装饰风格等因素来象征性地分隔空间。

装修设计是一个技术活，如果你有更高的要求，请个设计师也是值得的。

总之，一定要重视装修前的设计，尤其是空间设计。前期准备得越细致，后期的装修效果越好。换言之，多花点心思在设计上，比大手笔"烧钱"更有效。

第9章　装少了

　　无论是由于经验不足，还是为了省钱，我们在装修完成后，总会发现有些该做的事情没有做，让人后悔不已。例如，有些该装的东西没装，有些工程遗漏了某个步骤等。例如，厨房的插座装少了，导致电饭锅只能屈居阳台；储物室建少了，导致杂物只能暴露在大庭广众之下……

第9件事　插座、宽带网口留少了

关键词：插座，预留，计算高度
后悔指数：★★★★★

　　现在的电器推陈出新那叫一个"迅速"，只有你想不到的，没有你找不到的。而人们的本性总是追求便利和时尚，所以装修时一定要预留足够的插座，为日后源源不断的新电器做好准备。

　　具体该装多少插座，要根据每个家庭的住房面积以及家庭实际电器数量而定。设计者要有专业素养，预留插座也要有合理的数量和位置，装多了会浪费，位置装错了同样是白装。

　　一般情况下，下面几个地方一定要多预留插座。

 应该这样做

1. 客厅中家电摆放较多的地方要预留插座

　　客厅中一般会摆放大量的家用电器，插座少了会不够用。对于大电器，在电工布线前就要考虑好其摆放位置，并且事先量好家电的尺寸，这样才能够准确布置插座位置。

　　沙发旁边预留1~2个插座，方便使用计算机，或者晚上边看电视边用足浴盆泡脚。

2. 卫生间要留够插座

　　除了洗衣机、热水器、浴霸这些常规家电要留插座外，镜子旁边最好留一个插座，方便女士用吹风机、男士给剃须刀充电等。坐便器旁边也要留插座，以便日后安装洁身器等电器。

3. 厨房是重中之重

　　厨房是家用电器最多的地方，一定要有足够的插座，否则，你家的电饭锅可能只能常年放在阳台的地上煮饭了。首先，常用电器（如电冰箱、电烤箱、微波炉、抽油烟机、电磁炉、电饭锅）的插座都要考虑到；其次，橱柜台面上方最好预留两个以上的插座，方便新增小家电的使用。此外，橱柜下方也要留插座，以便日后安装垃圾处理器等。

4. 饭桌旁边

这里至少装一两个插座，方便插台灯或者偶尔吃火锅等。

5. 卧室床头

床头两侧应各设置一个电源插座，方便临时使用；同时，床头还应预留有线电视等的插座。

6. 电视（电视墙）、计算机、音响旁多留插座

如果装了电视背景墙，则一定多设几个插座。如果等电视、DVD、音响等电器摆好后才发现插座不够用就麻烦了。可以在电视墙所在的墙里预埋一根两头弯的PVC管，电源线从一头进，另一头出来后直接接在电视墙的背面，非常实用。

7. 电视墙、各个房间都要留电话、宽带网口

现在电视已经成为一个重要的媒体终端，所以电视墙布线时一定要记得多留一些插座和网络插口，可直接使用电视上网看视频。

同时，最好每间房都留一个宽带、电话插口。虽然现在无线路由器大行其道，但是如果墙太厚，或者房间离路由器太远，信号就会大打折扣。

房子是要住很久的，多留几个网口又不麻烦，哪怕闲置也比要用时抓瞎好得多。当然，如果房间较小，无线路由器用起来很方便，宽带口可以少装一些。

8. 书桌书柜旁边

有固定的书桌和书柜的家庭，要在其附近装1～2个插座，方便插台灯、充电器、计算机等。

9. 阳台或飘窗上要有插座

在这里装一两个插座，用计算机或喝茶时会非常方便。

（1）儿童住的房间不要留太多电源插座，灯具也要装在孩子摸不到的地方。

（2）房内各种插座的位置一定要计算好，如果与家具尺寸有偏差，插座要么浪费了，要么用起来不方便。例如，客厅的插座装在了沙发后面，卧室的插座装在了床头柜背后，根本无法使用。

（3）家具周围的插座与家具之间要留一定的距离，以防日后换一个更大的家具，如沙发或床，旁边的插座就可能被挡住了。

第10件事　双控开关装少了

关键词：数量，高度，位置

后悔指数：★★★★★

　　可以在两个地方控制同一个灯，这种设计就叫双控设计，有这种功能的开关就叫双控开关。双控开关都是成对安装的。

　　在卧室、楼梯、过道等地方安装双控开关很有必要。有了双控开关后，你可以用卧室门口的开关打开卧室的灯，然后用床头的开关关灯，再也不用关了灯后摸黑上床了。

　　对于装修过房屋的人来说，电源开关，尤其是双控开关是影响入住后幸福指数的重要因素，装够了的人庆幸，装少了的人悔不当初。

　　具体来说，对于开关，后悔的原因有两个方面：一是装少了；二是装了，但尺寸没量好。

 应该这样做

　　装修时，下面几个地方的双控开关一定不能少：

1. 卧室

　　卧室的灯最好是双控的，一个开关装在进门处，另一个开关装在床头，免得晚上睡觉时还得下床关灯。

2. 大床两边

　　如果床比较大，床头灯最好一边装一个开关，两边都可以关灯。注意开关离床不要太远，以免用的时候够不着。

3. 卧室总开关

　　如果卧室装电视，床头则应该装个总开关控制电视插座。这样晚上躺在床上看完电视后，就不用爬起来关电视了。

4. 楼梯口

　　如果是复式楼，上下楼的照明灯则应装双控开关，楼上楼下各装一个，免得只能摸黑上楼或者下楼。

5. 客厅灯和入户灯

　　对于客厅的灯，应该在卧室门口装一个双控开关，免得晚上摸黑去客厅或摸黑进卧室。同时，入户灯也应该在客厅装个双控开关，免得进客厅之后再去门口关入户灯。同理，如果餐厅比较大，餐厅的灯也应该装双控开关。

第1章　第2章　第3章　第4章　第5章　第6章　第7章　第8章　第9章　第10章　第11章　第12章

上篇　火眼金睛选家庭装修材料

下篇　装修完成后常会后悔的39件事

（1）同一房间的开关高度应该一致，一方面美观，另一方面便于以后维修。

（2）设计开关时，要事先确定附近家具的尺寸，如果挡在柜子或床头后面了，那就白装了。另外，更换家具可能会导致开关和插座不能用了，所以购买家具时应尽量做长远打算。

（3）厨房和卫生间要用开关插座。厨房和卫生间里长期固定使用的电器要有专用插座，而且要用带开关的插座，不用的时候只要关了开关即可，不用拔插头。特别是电热水器，直接拔插头会有危险。

第11件事　储藏室建少了

关键词：衣帽间，杂物间，越多越好，设计原则，修建位置

后悔指数：★★★★★

过去的家庭，无论是经济条件还是物质条件都很一般，杂物并不多，储藏室的功能主要是放置被褥、衣物以及少量杂物。现如今，人们的日常生活用品结构发生了巨大的变化，品种和数量都大幅增加，比如衣服鞋帽，装几个衣柜也不是稀罕事。随着日用品的增多，各种用品都要有分门别类的收纳空间，否则只能摆在明处，既有碍观瞻又没有条理。

综上，如何构建足够、合理的储藏室已成为现代装修的一件大事。不少业主在痛陈装修失误时，储藏室就名列其中。可见，储藏室有多么重要！

 应该这样做

1. 设计储藏室要有原则

储藏室通常有两种功能，一是放置衣物，二是收藏杂物。储藏室的形式可以是柜子，比如衣柜，也可以是在房间中开辟的小型房间。无论哪种形式的储藏室，都要遵循一定的修建规则：

（1）储藏室应该分门别类，否则，以后找起东西来还是一团糟。

（2）如果是用储物柜储物，则设置要合理，不能让室内空间因家具过多而产生压抑感。

（3）就近原则。尽量将各个功能的储藏室靠近相应的房间，便于日常取用。比

如衣帽间设在卧室，或者靠近浴室。

（4）便利原则。事先根据家人的身体情况来设计储藏室，以后用起来才方便。同时，别忘了在储藏室里放一把登高梯，以备不时之需。

（5）安全原则。有儿童的家庭，要充分考虑安全问题，例如刀、剪、药品、洗涤剂、工具等物品应隐蔽或放置在儿童够不到的地方。

储藏室应科学设计，不能出现有的地方塞得很满，有的地方空空如也的情况

2. 关于衣帽间的建议

（1）衣帽间的常见修建位置：

——在卧室隔出一部分做衣帽间，或者在卧室打造整体衣柜。

——如果家居面积够大，可以在主卧室与卫浴间相连的地方建步入式衣帽间。步入式衣帽间可以请木工师傅现场做，但最好请家具厂定做。定做前一定要事先上门量尺寸。

——如果有宽敞的卫浴间，可在卫浴间入口做一排衣柜，再设置大面积穿衣镜以延伸视觉。

——一般的卫生间可以设计一个小橱柜放换洗衣服。

——房间有跃层空间或者有夹层布局的，可以利用夹层位置做一个简单的衣帽间或储藏室。总之，每个角落的空间都可以利用。

（2）衣帽间的细节建议：

——衣帽间面积不必很大，可以利用搁板、抽屉等存放大量衣物。

——衣帽间最好有窗，如果没有，就要设置接近自然光的光源，以白炽灯为好，这样可以使衣服的颜色最接近正常。

——衣帽间最好不要做成开放式的，以免落尘。门可以做成推拉门，以节省空间。

——衣帽间内部要力求简洁和合理，可以分为挂放区、叠放区、内衣区、鞋袜区和被褥区；可多做一些搁板和抽屉、吊衣架等，尽可能利用空间。

第1章　第2章　第3章　第4章　第5章　第6章　第7章　第8章　第9章　第10章　第11章　第12章

上篇　火眼金睛选家庭装修材料

下篇　装修完成后常会后悔的39件事

3. 关于杂物储藏室的建议

（1）杂物储藏室的合理位置：

——用隔断将客厅隔出一部分。

——有双卫生间的，一间保留洗澡功能，另一间在保留卫生设施的前提下，分隔出储藏室。

——在房间多余的情况下，腾出一间朝向、结构不太好的房间作为储藏室。

——尽可能利用闲置空间修建储藏室，比如房间不规则的拐角、楼梯下面等，让装修的死角变成活角，既利用了空间，又解决了装修和卫生死角问题，一举两得。

——阳台是最好的储藏室。

——将原有的储藏室分类。有些新的楼房已经建了储藏室，业主可以对其内部进行更合理的规划。储藏室的内部设计应充分考虑各种物品的尺寸和重量；打制的架子要符合人体工程学原理，便于取放。总之，设计时想得越充分，使用时就越方便。

——所有的柜子，包括书柜、厅柜、电视机柜等都要装抽屉，目的都是为了储物。

（2）储藏室的设计建议：

——储藏室的面积不要太大，合理的面积为1.5~2m^2。为了增加储藏量，储藏室一般设计成U形或L形柜，根据面积大小可设计成可进人或不进人的式样。

——储藏的物品是决定储藏室内如何分隔的关键，比如储藏衣物应按衣物尺寸来设计。

——杂物储藏室要注意通风、防尘、防虫、防菌、防潮等。可以把门设计成百叶格状，这样既保持空气通透，又节省空间。

——储藏室的墙面要保持干净，这样不至于弄脏存放的物品。

——不要放过任何可用的地方。比如，可以在厨房门、阳台门后装一个搁板，下面可以挂围裙、隔热垫、擦手毛巾等，上边放瓶瓶罐罐，这样既整洁又省地方。

再比如，进门玄关处可以装一个带镜子的大柜子，平时从外面穿回来的外套、待洗的衣服，以及常穿的鞋子都可以放进去，这样能使家里一点都不显乱。

其他地台柜子、箱体床、带抽屉的床以及餐厅中可以当凳子的卡座都可以存放东西。

总之，储藏室越多越好，并且一定要有门等的遮挡。各种杂物各归其所后，家里会显得干干净净、整整齐齐，主妇不用花费大量时间打扫卫生。

（1）储藏室最好在装修前就做好设计，这样就能保证与房间的整体风格高度一致，而不会有突兀的感觉。

（2）不要将整面墙都打成壁柜。壁柜做满墙的方法在数年前非常流行，但现在已经成装修一大"傻"。原因很简单，一来已经过时，二来由于做壁柜要使用大量的板材和胶、漆类产品，因此环保方面很难保证。

第12件事　露台或阳台没接水电

关键词：引水引电，洗衣台，洗手池，污物池，灯光设计，流水景观，种植花草
后悔指数：★★★★★

　　阳台是最容易堆积杂物的地方，如果装修后才发现，偌大的露台或阳台竟然因为没有好好规划而不能充分利用，那将是莫大的遗憾。改造阳台的一个重要工作就是接通水电。水电改造是一次性工程，事后补救花费就大了。

应该这样做

　　（1）露台上至少要预留一个水源和一个电源，日后养花种草、清理、洗衣服、洗手都会很方便，总之用处非常大。

　　（2）如果阳台或露台够大，可以设计特殊的灯光照明，合理安装插座，再装一个大洗手台，闲暇时朋友聚会，喝茶、烧烤都是不错的区域。

　　（3）阳台上可以砌个洗衣台，台下空间做成架子，或者放一个可以推拉的杂物车，里面可以放洗衣用品以及脏衣服。一些不用甩干的小件衣物可以直接在这里清洗，然后挂在阳台上，不必从卫生间里滴着水拿出来了。

阳台引水

　　（4）阳台上可以引水接洗衣机，旁边做个小柜子，放洗衣粉之类的杂物，既美观又实用。

　　（5）生活阳台上装个洗手池，方便至极。

　　（6）在光照不好的北阳台修个洗污物的污物池，区别于卫生间的洗脸盆和厨房的洗菜、洗碗的水斗。

　　（7）露台上可以引水，砌个花坛养花，或者做个循环的流水景观。需要注意的是，如果是直接在露台铺土种花，一定要做好防水和排水，防止泥土堵塞排水口以及植物根部破坏防水层。同时，还要注意选择适合在阳台上种植的特殊土壤。

　　（8）如果阳台紧靠厨房，可以利用阳台的一角建造一个储物区，存放蔬菜、食品或不经常使用的餐厨物品。阳台上的插座也可以缓解厨房插座不够用的困境。

第1章 — 第2章 — 第3章 — 第4章 — 第5章 — 第6章 — 第7章 — 第8章 — 第9章 — 第10章 — 第11章 — 第12章

上篇　火眼金睛选家庭装修材料

下篇　装修完成后常会后悔的39件事

（1）阳台最好不要接热水管，一来并不实用，二来距离太远了，还要用特殊材料，浪费钱财。

（2）由于水电改造是个大工程，并且是装修最先开始的工序，所以，对于阳台的水电设计要早做，并且提前与水电改造公司协调。

第13件事　卫生间、厨房的实用小物件装少了

关键词：干湿分离，洗杂物池，挂钩，带花洒的抽拉水龙头，制冷设备，小厨宝，扶手

后悔指数：★★★★★

厨房和卫生间是家庭装修的重点部位，大家往往把注意力放在橱柜、吊顶以及电器等大件上，却忽略了一些小细节，等到实际使用时，才发现有种种不方便。

 应该这样做

1. 卫生间不可少的事

（1）卫生间再小，都应该做干湿分离。将洗衣机放在外面，上面做成柜子，放洗涤用品等杂物，增加储藏空间。

（2）卫生间除常用的洗手盆外，最好在接近地面处留一个向下的水龙头，日后接水拖地，甚至冲脚都很方便。

（3）如果卫生间够大，可以修一个水池，用来清洗衣服、杂物。别小看这个水池，入住后你就会发现，它的使用频率会很高，抹布、袜子等不适合在洗脸池洗的东西都可以在这里洗。有些家庭将这个水池修在阳台上，效果是一样的。

（4）卫生间可多钉点挂钩来挂东西。

（5）装洗手盆时要考虑好其和镜子、放刷牙杯的架子、毛巾架的相对位置。

（6）装个带花洒的抽拉水龙头。这个小物件被广大女士推崇，因为它可以解决不洗澡只洗头时的困境——这种水龙头的把柄很长，而且可以拉出来，洗头时不必把头努力伸到水龙头下面，只要抬高水龙头，按下花洒功能就可以了。

（7）有老人的家庭要在浴缸或坐便器旁安装扶手，防止摔倒。

（8）上班、上学的人较多的家庭，如果地方够大，建议用双盆洗脸盆，免得家

人每天早晨抢面盆洗脸刷牙。

2. 厨房应该加的东西

（1）要有制冷设置。中国多数家庭是封闭式厨房，夏天做饭时，厨房门一关，厨房就像个蒸笼。因此，厨房最好装空调或吊扇，至少也应该装个窗机。注意，厨房装空调要专门走线。

（2）装个小厨宝。小厨宝实际就是小型的电热水器，天气比较冷的时候可以提供热水。小厨宝最好在水电改造时就做好布线，如果等房间全部装修好后再装，还得重新布线，水路也容易出现漏水等情况。

（3）装个电扇。餐厅如果很大，装个壁扇或吊扇，可以在天气微热但是还没到开空调的时候使用，又省电又方便。

（4）放个小柜子。餐桌旁放个小柜子，可放置些东西，很方便。

（5）安装能用手背开关的水龙头。厨房的水龙头要装那种能用手背开关的，这样，当手上有油、面等东西时，只用手背推一下即可，而不必弄脏水龙头开关。那种必须用手指旋转的开关不容易保持干净。

第14件事　重物上墙上顶，缺少了固定工序

关键词：大吊灯，大幅壁画，装饰性壁炉，大理石装饰，石膏装饰，地砖、木地板上墙，脱落

后悔指数：★★★★★

很多人喜欢在家中装饰大型、豪华的物品，如大吊灯、巨幅壁画，甚至还有壁炉等。这些装修虽然让家居看起来气派，但也是隐患重重。某别墅区就曾发生壁炉掉下来砸死小孩的事件。而造成悲剧的主要原因就是固定工作没有做好。

应该这样做

1. 慎装大吊灯

现在的楼房楼板一般比较薄，钢筋也少，不适合安装比较重的大吊灯，以防吊顶突然坠落砸伤人。

2. 大幅壁画也不安全

最好不要在人经常驻足的地方挂很重的画，如沙发后面和卧室的墙壁上，因为不论用什么方式固定，时间一长材料都会老化，都不安全。另外，有些小装饰不要

放得过高，它们如果从高处跌落下来，危害也不小。

3. 墙面用大理石装饰要谨慎

大理石材料比较重，如果直接用胶和墙壁粘贴，胶易老化，会造成大理石从墙面脱落。如果要用大理石装饰墙面，就一定要做好固定工作。

大理石墙面的处理一般有三种方式：

一是干挂，适用于较重的大理石装饰。具体操作方法是先将螺栓固定在墙面上，然后在大理石石材上开槽，用T形架将石材固定，再将T形架和螺栓固定在一起。这样固定的大理石墙面与墙体本身有一定距离，但固定效果好。

二是湿贴，适用于一般重量的大理石装饰。具体操作方法是，先在墙面上打一层钢筋网，再采用混凝土湿贴。

三是直接粘贴，即用专用砂浆或石材专用胶，直接将大理石贴在墙面上。这种方法适用于重量与墙砖差不多的大理石装饰。

直接粘贴法的隐患最大，因为除了粘胶没有其他承重，所以时间长了，墙体会变形，大理石也会发生变化，甚至脱落。直接粘贴法不能用于卫生间，因为卫生间多以轻体墙为主，变形度大，且卫生间里经常潮湿，时间一长，胶易老化，易出事故。

4. 装饰性壁炉固定很重要

墙面上的壁炉倒塌或脱落的例子并不少见，原因就是固定方法有误。如果壁炉与墙面连接的地方是腻子，腻子时间长了易老化起粉，失去作用，这样用胶粘在腻子上的壁炉就很容易脱落。

装饰性壁炉因为比较重，最好的办法是用挂件将墙面与侧板连接在一起。也可以采用侧板面和墙壁用石材专用胶粘在一起，但必须保证墙面是原混凝土墙面，轻体墙或墙上有腻子粉都不能用专业胶直接粘壁炉。出现脱落现象的壁炉多数都是采用的直接粘贴法。

如果要在轻体墙上挂壁炉，最好用长度超过5cm的螺栓将壁炉与墙体连接。如果墙体是预制板或者空心砖，里面一定要用预埋件如木方将空处填好固定后，再用螺栓固定壁炉。若墙体无法装预埋件，则要在整个墙面上进行封板，然后再用挂件连接。

5. 地砖最好不要上墙

由于地砖比墙面瓷砖的花样多，性能方面也占一定的优势，所以有些人用地砖代替墙砖。但是，地砖重且大，粘贴时易下沉，加上使用的水泥砂浆本身就易滑动，铺贴后空鼓率高过墙砖。另外，气候变化也是造成瓷砖空鼓脱落的重要原因，如果是在轻体墙上贴地砖，大砖的空鼓率更高。因此，不建议家庭装修中墙面用地砖。

6. 石膏装饰易脱落

石膏线是常用的吊顶装饰，如果只采用快粘粉粘，石膏装饰很快就会老化、脱落。正确的处理方法是：小的石膏线可以用快粘粉将它粘在墙上，但大于15cm以上的石膏线和装饰品，必须在墙上打眼，用快粘粉粘好后，再用螺钉固定。更大的石膏装饰如欧式雕花，最好用金属挂件固定在墙壁上。

7. 木地板上墙上顶，固定要到位

如果在墙上或屋顶用木地板作装饰，绝对不能直接粘贴了事。正确的做法是：先在顶上或墙面上打好龙骨，然后用钉子将木地板和龙骨钉在一起，增加牢固性。

第15件事　下水管只包管没做隔音处理

关键词：下水管，隔音材料，螺旋消音管，水泥板，轻体砖，木龙骨，轻钢龙骨

后悔指数：★★★★★

装修中，减少生活噪声是一项重要工程，比如将单层窗户换成双层窗户，打隔断墙时注意隔音效果等。但是有一个噪声却常被人们忽视，这个噪声就是来自卫生间下水立管中的排水声。

卫生间和厨房里一般都有粗大的污水管道，为了美观，多数家庭都会选择将其包起来。但是，大家在处理下水管时往往忽视防噪处理，等入住新居后却发现每天晚上从卫生间或厨房传来的哗啦啦的水声是那么的恼人。

 应该这样做

1. 先做隔音处理，再包管

对卫生间和厨房装修时，不能只将下水管用轻体砖等包砌起来就了事，而是应该先做隔音处理再做包管等装饰处理。这项工作只是举手之劳的事，花费也不多，所有的家庭都应该做一下。

解决下水管噪声问题有两种方法。一是用石棉或消声岩棉等包住水管隔音。现在市场上有专用于包水管的隔音材料，操作简单，价格便宜。二是将PVC管换成螺旋消音管。现在一些新房本身就采用螺旋管，不必做隔音处理也不会有太大的噪声。

2. 隔音要做全

隔音不能只针对立管，应该全管都做，包括装在顶棚里的部分。如果阳台上也布置了下水管，最好也做隔音处理。

3. 包管材料要合格

如果对厨房、卫生间的立管做包管处理，最好不要用易变形、不防火的木龙骨做立管骨架，而是选用优质的轻钢龙骨。

4. 最好不要用水泥板作为管道包管的外立面

这种材料在铺贴墙砖后很容易出现小裂缝，导致瓷砖脱落。最好用轻体砖包立管，虽然轻体砖的厚度会占用一定的空间，但不会出现裂纹。

（1）如果将下水管道用砖砌起来，一定要留出检查口。

（2）并非所有的立管都能包起来，比如厨房的煤气管道就严禁包管。

第16件事　整体色调太单调，花钱虽多太枯燥

关键词："快乐的"颜色，主色调，配色原则

后悔指数：★★★★

　　家装设计师的设计之所以好看，很大一部分原因得益于色彩的运用。他们或许只是给窗帘换个颜色，给墙漆换个颜色，甚至只是摆了一个色彩丰富的摆件，就能让装修进入一个新的境界。相比而言，多数业主因为不自信，在用色上非常谨慎，以至于虽然花了不少钱，但装修效果却非常平庸，毫不出彩。

　　总而言之，对于装修来说，害怕色彩等于浪费。这里所说的色彩，除了常见的墙面颜色，还包括家具、软装饰等一切在房间中出现的物品的颜色。试想一下：一个红色沙发和一个白色沙发所营造出来的氛围是截然不同的。如果厨房是单调的灰白色，那么你做饭时心情也不会好。如果是自己喜欢的某种鲜亮颜色，则会让你心情愉悦。卧室的墙面漆可以适当调成淡淡的暖色调，这样既有助于增加温馨感，又能让你在晚上易入睡。

应该这样做

1. 多看，培养颜色搭配能力

装修前多浏览一些设计图片以及别人的装修实例，培养自己的色彩搭配能力，自己动手才有情趣。如果对自己的审美不自信，也可以请设计师帮忙，让自己的家庭更加多彩，富有个性。

2. 多用"快乐的"颜色

家庭装修的颜色应该以人为本，最重要的是要给人愉悦的感觉，因此，家居布置应尽量选择"快乐的"色彩。需要注意的是，客厅是会客的地方，不可以太花

哨、太压抑，要做到大气、合体，米色、淡黄色、藕荷色、水浅绿色效果都不错。如果颜色让客人感到压抑，谁还愿意来你家做客呢？

至于卧室、书房等个性化的房间，只要是用环保的油漆，大家就可放心地"涂鸦"。甚至在电视墙这些个性化的地方，突破常规，用大红大紫的颜色也未尝不可，只要你喜欢就可以。等到不喜欢的时候，用其他颜色覆盖即可。换一种色彩，就是换一种心情，不同的色彩给人带来不同的心理感受。

3. 每一个区域都要有主色调，同一区域的物品的色彩要有呼应关系

大胆使用色彩并不是乱用色彩。一般来说，每个区域都应该有一个主色调，否则就会显得凌乱不堪。比如卧室选蓝色调，那么蓝色调就应该是卧室中出现最多的颜色，其他颜色只是点缀，不可喧宾夺主。

如果你不知道如何选主色，可以借助布艺做色彩方案，以此开始你家的装修。通常一种织物包含好几种色彩，它能成为家装的灵感来源。你可以将布艺的色彩剥离出来，使之分别成为不同房间的主色调。这样一来，你家的每个房间都有各自的气氛，同时，彼此之间又有联系，更具生机和情趣。

4. 运用颜色要有长远打算

如果你不打算经常换颜色，那么，选择颜色时要有长远的思考，可以在主色上选择中间色系列。如墙面、地面是房内最大的面积，它们的颜色应该同家具的色彩相近，地面颜色应稍深于墙面。以后只要改变一些小配件的颜色，通过细节变化就可以实现色彩变化，让你的家装长看长新。

5. 掌握家居装修环境配色的四项原则

以下是比较公认的家居配色原则，大家在装修时不妨参考一下。

（1）色调应该自顶而下，由浅到深。一般来说，浅色会让人感觉轻，深色使人感觉重，这种顶层浅色、下面越来越深的配色方法会给人一种上轻下重的稳定感。

（2）根据朝向选择颜色。朝北的房间因为没有日光的直接照射，宜用暖色调，但色彩要浅，以增加明亮度。朝东的房间日晒时间短，宜用浅暖色。朝南的房间日照时间最长，宜用冷色调。朝西的房间是一天中日照最强的房间，宜用深冷色。

（3）根据房间的用途选择颜色。比如客厅应当用明亮的色调，可以让人感到放松、温暖、舒适。餐厅用深暗色可以增加食欲。厨房适宜用浅亮、浅冷的颜色。走廊和门厅因为只是短暂的停留空间，可大胆用色。卧室是个性化的地方，也可以大胆用色，只要不影响主人的睡眠即可。

（4）根据形状选择颜色。颜色能在一定程度上影响人们的视觉。例如，如果天花板比较低，用冷色调可使天花板看上去变高、变宽；如果天花板过高，则可以用深色产生视觉上的下拉感。再比如，明亮的浅色调可以使狭窄的房间看起来宽敞。在房间远端墙上用深色调的颜色，会使那堵墙产生前移的效果。颜色的运用是一门学问，如果大家善于运用到装修中去，那将是一件非常有趣且有奇效的事。

比较通行的令人"快乐"的室内装修颜色

下面是色彩专家就各个房间做出的颜色搭配建议，仅供参考。

（1）浅玫瑰红或浅紫红色调，再加上少许土耳其玉蓝的点缀是最"快乐"的客厅颜色，会让人进入客厅就感到温和舒服。

（2）卧室用浅绿色或浅桃红色会使人产生春天的温暖感觉，适用于较寒冷的环境。浅蓝色则令人联想到海洋，使人镇静，身心舒畅。

（3）书房或电视墙用棕色、金色、绛紫色或天然木本色，都会给人温和舒服的感觉，加上少许绿色点缀，会使人觉得更放松。

（4）厨房用鲜艳的黄、红、蓝及绿色都不错，厨房的颜色越多，家庭主妇便会觉得时间越容易打发。乳白色的厨房看上去清洁干净，但是别让带绿色的黄色出现。

（5）餐厅选择用接近土地的颜色，如棕、棕黄或杏色，以及浅珊瑚红接近肉色最适合，灰、芥末黄、紫或青绿色常会影响食欲，应该避免。如果你正节食减肥，可把餐厅布置成使人产生凉爽感的蓝色、绿色或灰色，你还会感受到食物的美味，但你的胃口却"变小"了。

（6）卫生间用浅粉红色或近似肉色会让人放松，觉得愉快。

第17件事 该换的窗户没有换

关键词：窗框材料，单层玻璃，双层玻璃，钢化玻璃，纱窗

后悔指数：★★★★★

那些曾经住在窗户漏风的房屋中的人们一定都有过这样的经历：只要外面一刮风，屋内的帐帘就会沙沙作响，从窗户缝里钻进来的尘土在空中飘散；如果外面下起大雨，雨水就会从窗户缝隙处渗进来；冬天靠近一扇单层窗户旁会感到寒冷，哪怕房屋本身已经足够暖和……

家庭装修中，防尘、隔音、保温是重要的项目，这几项都与窗户有关。高档社区的房子或者某些开发商的清水房，房子的窗户材质通常都不错，而且有中空保温隔热玻璃，有的甚至还镀了防辐射膜。这样的窗户保持原样即可。但是，也有一些新房或者旧房的窗户质量不太好，在装修的时候最好换新的。

断桥铝门窗

应该这样做

1. 窗框换成高档的

普通楼盘的窗框材料，质量通常都很一般。这种房子的业主如果资金不是特别紧，不如趁着装修把普通窗框换成材质更好的。

目前常见的窗框材料有塑钢、铝合金和断桥铝。早年的铝合金密封性不好，所以很多房子用密封性更好的塑钢门窗，但是塑钢毕竟是塑料制品，经过数年的热胀冷缩后，很容易变形。现在的铝合金在结构上有很大进步，密封性已不输于塑钢，如果是断桥铝，在隔音、保温等方面更是强于塑钢数倍。因此，从材质上讲，断桥铝优于普通铝合金，普通铝合金优于塑钢。基于性能上的差异，以上三者的价格也成递增关系，即断桥铝比普通铝合金贵，普通铝合金又比塑钢贵。

更换窗户时要注意，如果旧窗户的材质还可以，而你又没打算升级材质，就不要更换整个窗户，只要换一下玻璃即可，这样可以省不少钱。比如，旧窗户是单层塑钢窗，你换了一个双层塑钢窗，这种更换就比较浪费。

另外，需要提醒的是，现在门窗的假货很多，主要是金属件容易坏。所以大家在选购窗户时，最好选择知名品牌的产品，并特别检查五金件的质量。

关于门窗及其五金件的选购要点，详见本书上篇部分。

2. 玻璃升级

玻璃升级主要有以下两种情况：

一是把单层玻璃换成中空的双层玻璃，再镀一层膜。这种简单的更换可以大大提高窗户的防尘、隔音以及隔热保温效果，夏天可以节约空调电费。当然，不是所有的窗户都需要换双层玻璃，那些不需要供暖的区域（比如车库）的窗户使用单层玻璃即可。

二是高层住户把普通玻璃换成钢化玻璃。钢化玻璃与普通玻璃的价格相差不过一二十块钱（每平方米），但钢化玻璃的强度更好，即使碎了，碎片大小也只有1mm，不会对人造成很大的伤害。

总之，如果你家窗户的玻璃不太理想，窗框可以不换，而玻璃最好换了。这种简单的工作除了节约能源外，还能让你的房子变得更加舒适、安静、温暖，也更加安全。

3. 纱窗要配备好

多数业主在装修房子时不太注意纱窗的问题，尤其是冬季装修房子的业主。事实上，纱窗对日后的影响挺大的。现在的许多新房在交房时已经配了纱窗，大家在收房时，一定要看看所配备的纱窗尺寸是否足够大，质量好不好，开合是否顺畅。如果有问题，应及时联系开发商。切记，如果要求装修公司更换纱窗，则一定要在合同中注明纱窗的品质和类型。

 如果安装不当，再好的窗户也不能发挥出应有的优势。因此，选择一家经验丰富、尽职尽责的安装公司非常重要。

第1章　第2章　第3章　第4章　第5章　第6章　第7章　第8章　第9章　第10章　第11章　第12章

上篇　火眼金睛选家庭装修材料

下篇　装修完成后常会后悔的39件事

第10章 装多了

如果说装少了会让你后悔不已，那么装多了则会让你在后悔之余还要深深地心痛——原因非常简单：费钱。本章会告诉你，有些装修工程或物件是使用率极低或者完全不必要的，这些工程该省则省。

第18件事 装修总想一步到位，没为以后预留空间

关键词：眼光放长远，功能性硬装修

后悔指数：★★★★★

许多人都是抱着"一步到位"的想法去装修的，于是，就出现了两种尴尬情况：

（1）硬装修装多了，没钱做软装修，曾有业主自曝惨状：没钱买家具，只能抬着一张床进新家。

（2）几年后想改变装修格局，或者想添置新东西时，已经没地方了，除非砸了原来的装修或者丢弃已经过时的家具。可是，那都是当年花重金置办的，丢弃了心痛，纠结啊！

 应该这样做

1. 硬装修越简单越好，把钱花在后期的软装修上

"轻装修，重装饰"早已成为现代装修的主流。这样的好处是，时间长了，对现在的装修风格厌倦了，很容易仅通过软装修来改变风格。而且，这样的装修不会轻易地过时，并且简单、大方。

另外，硬装修多了，一来家庭装修材料所含的污染物含量叠加，加剧污染；二来费时、费力、费钱；三来以后想改变一下格局，调整一下家具都不容易。再说，装修的总费用有限，如果硬装修太多，软装饰就没钱买了。

注意，这里所说的硬装修是指非功能性硬装修，也就是可有可无的硬装修，没有这些装修，房子也可以正常居住。而功能性硬装修非但必不可少，还不能偷工减料。

在现今的生活习惯之下，必不可少的功能性硬装修至少包括下面几种：

（1）水泥地面至少应该铺地板或者铺瓷砖。

（2）墙壁至少要做简单的处理，比如刷乳胶漆。厨卫间的墙壁为了防水，一定要贴砖。

（3）厨房的装备一样都不要省，比如橱柜、台面、燃气灶、抽油烟机以及水槽等。

（4）卫生间的洁具不但不能省，还不能太劣质。

（5）厨房和卫生间必须吊顶，否则，卫生间的屋顶会露出水管，而厨房如果不做吊顶，时间长了会积累油烟。

（6）必要的水电改造一定不能省。

2. 档次不要急于一次到位

对于年轻家庭来说，应该依据装修时的经济状况量力而行，当经济条件还不是非常好的时候，应该选择简约、平装、菜单式的装修。以后随着经济状况越来越好，再逐渐更新换代。由于原来的装修也不贵，更换起来也不会心疼。如果一开始就负债装修，则会拉低生活质量。

3. 装修不要过满，要为将来的变化留有余地

装修不能只看眼前。要知道，你的装修要求是会随着时间改变的。房子装修时的情况只代表你当时的需求和品味，几年后，你的家庭情况就会变了，比如有了孩子，父母更年老了，自己的品位变了，等等。这时候，装修要达到的标准也会随之改变。如果你的房间在第一次装修时就已经塞满了，等再想改变时就难了。

家庭装修也是动态的、成长的，所以在装修时要把眼光放长远一些，为以后的变化预留空间。如果一次性全部完成装修则会造成很大的浪费。

4. 墙上和地上要谨慎贴"钱"

如果你现在的房子只是过渡性的，十年以内会换更好的房子，就不要轻易在墙上和地上花太多的钱，这些装修是搬不走的。

5. 不要跟风、过度消费

很多人装修房子喜欢跟风，看到别人追求豪华，不管自己的实际情况，也要跟着买。其实，过度消费是一种非常不成熟的消费心理。事实上，很多部位根本没必要"大动干戈"。

总之，家庭装修，尤其是年轻人的家庭装修，一定要"留白"，为未来变化留有足够的空间。尽量少做不必要的固定家具，因为它们意味着，在很长一段时间内，你的家居无法再做改变与调整。

特别提醒 不该留的尾巴一定不能留。有些人出于经济方面的考虑，将一些本该完成的硬装修留到以后做。这其实是一大误区。首先，那些硬装修是些不得不进行的装修项目，如果不做将会影响今后的工作和生活。而搬入新家后再进行装修，就会很不方便。其次，这些项目因为工程量太小，难以请来施工队伍，即便请来也需要出个高价。这样一拖，其实拖来的是一堆麻烦。

第1章 — 第2章 — 第3章 — 第4章 — 第5章 — 第6章 — 第7章 — 第8章 — 第9章 — 第10章 — 第11章 — 第12章

上篇 火眼金睛选家庭装修材料

下篇 装修完成后常会后悔的39件事

第19件事　移门装多了，又贵又不实用

关键词：不牢固，封闭不严，滑轮、导轨容易坏

后悔指数：★★★★

移门的最大亮点就是美观、不占空间。但是，很多移门安装好以后颤颤巍巍、封闭不严，导轨也很容易出问题。如果移门导轨和滑轮坏了，那么，移门就不再是装修亮点，而是装修痛点了。另外，移门是按照单位面积计算价格的，动辄就500元一平方米。算起来比木门要贵得多。因此，家庭装修中还是少用移门。

衣柜的移门

许多人将移门和推拉门混淆，市场上对这两者的概念也非常模糊，通常将两者划分为一类，似乎只要是滑动的门都叫做推拉门或者移门。其实移门和推拉门还是有一定区别的。

移门一般上下都有滑轮，推拉门一般仅有下滑轮；移门一般没有锁，推拉门多安装锁具；移门所用型材比推拉门的要薄，因此推拉门的坚固性、承重能力更强；移门仅有隔断功能，一般没有门套和门套线；推拉门不仅要求有隔断功能，还要求有密封、保温、隔音等功能，所以一般有门套和门套线，而且门套的边框有勾起，密封性更强。

应该这样做

1. 能装平开门的就不要用移门

对于使用较频繁的地方，如卫生间门、衣柜门等，能不用移门就不用移门，选择平开门更经久耐用。同时，平开门的封闭性更好，以衣柜为例，平开门能够避免因为移门封闭不严而弄脏里面的衣物。而且，平开门一般是用与柜体相同的材料制作的，价格比移门要便宜很多。

2. 如果用移门，就要用优质的

如果用了劣质的移门，很快就会出问题，诸如滑轨变形、滑轮脱落等，导致推拉生硬。相信遇到这种问题的人不在少数。所以，如果你决定要用移门，就一定要注重质量。

（1）选择做五金件出身的厂家。

决定移门质量的关键是五金件，而做移门五金件需要一定的技术含量。因此，选择移门时，一定要选做五金件出身的厂家，比如国内的顶固和史丹利，它们的质量更有保障。即使你无法判断这一点，也一定要选择产品美誉度高的品牌。

（2）看型材的厚度。

移门的边框材料的厚度决定了移门的价格，也决定了门的稳固性。移门用的板材最好选择10~12mm厚的，这样移门才可以做到2m以上而不会摇晃。如果移门要直达天花板（2.8m左右），门壁厚则要达到12~15mm。

（3）看滑轮和导轨的质量。

滑轮和导轨是移门以及推拉门的核心技术部位。品牌衣柜的滑轮一般选用碳素纤维材料（国际新型高科技材料）制成，且采用进口轻钢滚珠轴承，轴承上标有厂家及产品型号。差的滑轮上虽然也有轴承，但却没有厂家名称及其他标志。另外，好的滑轮还设计有防跳装置。差的移门刚装起来时推拉效果和好的差不多，但半年后问题就出现了，比如发出噪声，拉起来比较生硬，容易跳动等。

一般下滑轮为隐藏式，门的两面都看不到滑轮，这样的滑轮为佳。

第20件事　一时冲动把灯装多，过后大多成摆设

关键词：难清洁，费电，效果差
后悔指数：★★★★★

没有装修经验的人，尤其是年轻人，在选购装修产品时大都有不实用的幻想，尤其是灯。他们选灯时，只看中两个字——"好看"，基本不考虑照明效果。于是，水晶灯、布艺灯、花灯、射灯等都搬回了家。但是，等新鲜劲儿一过，他们就无一例外要后悔了。

后悔原因一：难清洁。

多头的水晶灯、花灯、布艺灯虽然好看，但往往照明度不足。更麻烦的是，死角多，易落灰，清洁起来就是灾难。对于工薪阶层来说，不是每家都请得起保姆的，就算偶尔请个保洁阿姨来做大扫除，人家也可能不愿意擦，怕给碰坏了。

后悔原因二：浪费电，不实用，隐患多，最终沦为摆设。

许多人都是被效果图上温暖而又炫目的灯光所吸引，毫不犹豫地装了很多射灯。等用起来才发现，灯一开，家里要么像开灯具店的，要么跟舞厅、酒吧似的。所有灯同时打开不但费电，而且灯具上积聚热量，容易发生危险。尤其是射灯，长时间照射某处极易引发火灾。

家是用来住的，花里胡哨的灯具最终都将沦为摆设。比如射灯，大家的初衷是想每天闲暇时浪漫一下的，最终却可能只是在有客人来时秀一下，平时根本不开。

后悔原因三：效果不好。

水晶灯等因为灯头多，会将光源分散。如果你家的墙壁或者室内摆设的色彩本来就杂，那么花灯将会让装修看起来就一个感觉——乱。

 应该这样做

1. 选购灯具以照明为重

灯的第一作用是照明，第二作用才是美观。选购灯具考虑的首要因素应该是亮度是否够，是否好换灯泡，是否容易清洁，最后才是美观。主要照明的大灯必须保证亮度充足，其余配灯则可根据自己的喜好选择不同的颜色和亮度。

2. 宜少不宜多

客厅的灯盏数不宜过多，最好不要装射灯带，灯饰太多会让居所看起来像个灯具店。

3. 不必买昂贵的名牌灯

灯具其实没多少核心技术，只要质量过得去就可以用。有钱的，可以买品牌灯；没钱的，杂牌灯一样可以用得很好。

4. 灯具应该便于清洁

如果你家里没有专职打扫的保姆，就不要买造型过于复杂的灯具，尤其不要买灯罩开口向上的灯具，否则清洁时就等着叫苦吧！如果一定要买灯罩向上的，也要选择灯罩容易拆卸的。

5. 不要选镀漆的灯具

买灯具时最好选用玻璃、不锈钢、铜或者木制架的，不推荐选用金属上镀漆的灯具，它们看似美观，实际上很容易掉漆。

6. 如果你希望营造不同的灯光效果，可以装几组灯

比如，孩子写作业或者家人开家庭会议的时候就开明亮的管灯；一般情况下开吊灯；看电视时开电视上方的一组灯；聊天时就开沙发上方的一组灯。这些灯各组都有各自的控制开关，不但可以营造不同的气氛，还可以省电。

第21件事　自己做了很多家具，价格高昂又难看

关键词：**专业性，造价，板材环保性**

后悔指数：**★★★★**

为了省钱，许多人在装修时选择自己打家具。最后算下来，不但没省钱，自己还要赔上许多时间和精力去买材料、当监工，吃力不讨好。更令人沮丧的是，手工产品的质量还可能不如大厂名牌的产品，同时从艺术审美的角度也没有名牌产品好看。

一般装修公司会劝说业主多做木工活儿，因为相比其他工艺，木工活儿的利润要高许多。所以，大家在装修时要心中有数，不要在家中做太多的木工活儿，一些专业性较强的工艺交给专业厂家来完成。

应该这样做

1. 除非你就是看中了木工的高超手艺，否则能在商场中买到的家具就不要自己做

现在的家居卖场遍地开花，产品种类应有尽有，楼梯、木门、家具都能找到。家具价格也相对透明，消费者的选择空间越来越大。另外，机械化生产的精度要比手工制作的高，因此无论是价格还是样式上，买家具都更划算。

2. 对于特殊的定制家具，能找到提供定制的厂家，就不要手工制作

以前，在家手工制作家具的主要原因还是因为有一些特殊尺寸的家具买不到现成的。但现在很多家具厂家都提供定制服务，比如整体橱柜、衣帽间等都可以定制，除非有特殊原因，否则根本没必要手工制作。虽然厂家定制和家里找木工制作都是定制，但是由于工艺和设备的限制，现场手工制作家具从质量上讲，肯定不如正规厂家的产品好，比如更容易开裂变形，漆面比较粗糙不平，而且漆面更容易起泡掉皮。

当然，如果你希望打造的就是乡村或田园风格，自己手工制作是个不错的选择，用有质感的原木，刷上不均匀的漆，即便开裂了也更添风味。

3. 衣柜能买就不要自己做

特别是那种固定在地板上的，以后想改都很麻烦。

4. 木门尤其不要现场做

专业木门厂在制作中多采用专业流水线，每道工序都有严格的技术把关。而现场施工则主要依靠人工，工艺相对落后，材料的质量也难以控制，最终的质量受个人技术影响较大。

5. 注意家具的质量

尽量到正规的家居卖场购买知名度高、质量好的品牌家具，定制家具也要选择信誉好的厂商。

　　　　如果非要自己做家具，木材一定要做好干燥工作。

第22件事　吊顶做多了，既压抑又费钱

关键词：局部吊顶，积灰，压抑，防水石膏板

后悔指数：★★★★★

为了美观，许多人在装修时都选择装吊顶，而且是所有的房间都做吊顶。然而，现在普通楼房的楼高一般都在2.6m左右，如果做了全吊顶就会显得很压抑。不但不好看，还浪费了那么多钱。

另外，如果楼层比较低，吊顶还会成为老鼠、蟑螂等的"乐园"。

 应该这样做

1. 除了厨房和卫生间，其他房间能不装吊顶就不装

吊顶最大的用途，是遮蔽房顶上难看的设备层，厨房和卫生间因为房顶有水管或者为了防油烟，不得不吊顶，其他房间做了吊顶则会显得压抑。

厨卫以外的房间如果要做吊顶，可用局部吊顶，并且在色彩上把顶部和墙壁稍加区分，这样既活跃了空间，又不会感到压抑。

2. 谨慎使用镂空吊顶

这种吊顶非常容易积灰。

3. 尽量不做石膏吊顶

石膏吊顶只能做全吊顶，如果楼层高度太小，再铺地板，空间会显得很小。另外，普通石膏吊顶用久了会发生粉化和下陷，不好清理。

4. 厨卫尽量不用防水石膏板吊顶

防水石膏板主要用于阻隔室内水汽，通过表面防水层的阻隔而使石膏板内部不受影响。为了保持装修风格的统一，很多人在卫生间里装防水石膏板，或在开放式厨房中也使用防水石膏板吊顶。可是，如果楼上漏水，整个石膏板就会被泡。

在多层建筑中，上下楼层漏水并不少见，因此不建议大面积使用防水石膏板作为吊顶材料。如果一定要用，建议用双层防水石膏板，并预留检查口，便于随时发现漏水情况。为了保险起见，最好在石膏板背后也涂一层防水漆。

第23件事　样子货买多了，花哨不实用

关键词："花哨"的功能，可用可不用的物品，好打理、使用舒适为主

后悔指数：★★★★★

装修时，不少人会犯三个错误：①恨不得商品的功能越全越好；②恨不得把所有喜欢的元素都加进来。③恨不得把所有可以见到的东西都买回来。这样做的后果是，入住后发现，不实用的布置太多了，而这些花哨的东西往往都要付出不菲的花费。

真正成功的设计是从"适宜居住"的原则出发的，后期装饰尽量采用少而精的原则，决不刻意增加不必要的装饰项目，或者使用那些过分前卫、价格昂贵的装修材料或商品。

应该这样做

一般来说，样子货容易集中在电器、家具等后期装饰上。关于哪些东西属于样子货，哪些是必需品，每个人都有不同的看法。彼之毒药，我之饴糖，不可一概而论。比如有些人认为浴缸不实用，但有些人则庆幸装了浴缸。总之，分辨某样东西是否有用，根本标准在于它是否适用于你的生活。

下面罗列一些认可度较高的"样子货"，仅供参考。

1. 电器功能不要追求高、大、全

电器是更新换代最快的物品之一，可以说每时每刻都会有新概念出炉，比如空调的纳米技术、负离子技术、光波技术等。这些功能听起来很美，其实多数只是商家玩的噱头，根本没有通过权威机构的检测认证。如果你听信了商家的宣传，盲目追求时尚，花钱买回一堆毫无用处的"花哨"的功能，那你很快就会后悔。

除了功能之外，买电器时不要一味追大。比如，如果家里人员较少，则没必要买大容量冰箱；如果对空调的要求不是特别高，则不必买变频的，变频的虽然省电，但比定频空调高出的那部分钱就足以抵电费了。

2. 暂时用不着，或可用可不用的东西不要买

首先，用不着的东西不要买。许多人喜欢囤东西，认为以后总有一天能用得着，但多数最后都成了压箱底的货。其实，现代的物品更新换代很快，就算买到了便宜货，如果不用，很快就可能过时了。

其次，不实用的东西不要买。比如博古架、酒柜等摆设，既花钱又占空间，如果你没有收集古董、好酒的爱好，最好不要买，这样能让客厅、餐厅等区域更宽敞。

此外，还有一些新式的用品，有些很不实用，也不要买。比如防雾镜，真正的防雾镜是靠电加热来去雾的，价格也比较高。如果你的卫生间带窗户，可以排风，则根本没必要购买。再比如，对于人口少的家庭，洗碗机买回来后十之八九会成为摆设。因为洗碗机洗一次时间很长，如果只有几个碗、几个盘子，还不如手洗方便。

总之，大家在装修新家时，可买可不买的最好别买。

3. 经常使用的装置以好用为重，装饰性次之

卫生间尽量不装推拉门，推拉门虽然利于采光，但是时间长了，滑轨里会被污物阻塞。卫生间最好用木门，门上局部以玻璃装饰，这样既解决了采光问题，又不失美观。

4. 要以方便为主

比如双杆毛巾架虽然好看，但是往往在里层挂杆上挂毛巾时很麻烦，不如单层的实用。再比如，门板式垃圾桶和台面垃圾桶看着时尚，但是夏天打开柜门会很臭，还是将垃圾桶放在外面好。

5. 以好打理、舒适为主

以床为例，布艺床虽好看，但很难打理，不如买皮床合理；异形床看起来虽然有个性，睡着却不见得舒服；带各种架子的床似乎功能很多，其实这些架子不但用不上，还会成为拦路虎，不要说孩子，大人一不小心也可能被磕着；太矮的榻式床虽然有风情，但高度不舒服，床下的空间也浪费了，不如箱式床更实用……

对于普通家庭来说，不但不要做太多的硬装修，而且后期装饰也不宜做得太复杂、太花哨，一切以实用、方便为主。

6. 成熟的产品不必一味追求名牌、追求进口品牌

比如豪华自动晾衣架的价格水分太大，一些不出名的牌子在结构设计上反而胜过了一线品牌，而且价格也低很多。再比如，欧式抽油烟机没有中式的好用；洋品牌的瓷砖不但性价比不高，还可能花大价钱买了国产货。相反，对于瓷砖这种技术已相当成熟的产品，国货、小品牌并不代表不好。

第24件事　客厅装修过了头，太过复杂弄晕头

关键词：景观杂乱，摆件太多，色调杂乱，挂画错误
后悔指数：★★★★★

客厅是家居的门面，也是家人日常活动最频繁的地方，因此对于既好面子又喜欢安逸的中国人来说，客厅装修是家庭装修的重中之重。或许正是因为对客厅很看重，客厅装修往往会出现过犹不及的情况。

 应该这样做

1. 装修不能让客厅空间看着窄小或低矮

不管实际空间是大还是小，在装修客厅时都要注意制造宽敞的感觉。宽敞的

感觉可以带来轻松的心境和欢愉的心情。制造空间感可以通过实际的家具尺寸和数量，也包括运用各种视觉错觉，比如颜色、线条等。这其中尤其要注意的是吊顶，如果房间本就不高，就不要做全吊顶。

2. 客厅的景观不应杂乱

在客厅设计时，必须确保从哪个角度看，客厅都有美感。同时也要尽可能确保从沙发这个主要视点向四周看时不会杂乱，向室外观看时风景达到最佳化。要达到这个标准，需要一定的设计水平。如果你没有把握，装修简洁化是最好的，不要把太多的元素随意堆砌在一起。

3. 客厅要有主色调，不应视觉混乱

最容易改变色调的焦点有四个：墙面、家具、窗饰和灯光，它们搭配在一起时，必须有一个主色调。

4. 客厅的软装饰不要过多

比较常见的问题有以下几点：

（1）沙发上不要堆太多的抱枕、披巾等装饰物，这样会让沙发看起来拥挤不堪。

（2）不要用太多的移动块毯，这样不但会割裂空间的统一感，还容易让走在上面的人摔倒。块状地毯应该和沙发连接在一起，把所有坐具的前脚都放在块毯上，防止地毯移动。

（3）不要摆太多的小物件，如果你的收藏很多，可以分组轮流摆放，让你的珍藏在展示的同时还为客厅增色。

（4）不要放假花。这一点有很大争议，有人就坚持认为假花不需要更换，比鲜花划算得多。事实上，这种想法有失偏颇。再高档的假花都不会像鲜花一样带给室内生命力，它们带来的只有灰尘。如果你觉得每天更换鲜花代价太大，则可以时不时地用别的东西来代替它，比如一碗色彩鲜艳的水果，或者一些干枯的自然材料，比如弯曲的柳条或竹枝。

5. 客厅不宜乱挂猛兽图画，不宜摆放鬼怪摆件

中国建筑自古讲究风水，居室摆设都有一定的讲究。家中悬挂花草、植物、山水或是鱼、鸟、马、白鹤、凤凰等吉祥的图画，通常没什么禁忌。但是如果悬挂龙、虎、鹰等猛兽，则要特别留意不可将猛兽之头部向内，而是应该将画中猛兽的头部朝外，以形成防卫的格局。

第11章　装错了

装修前，我们殚精竭虑地设计、选择，但有时最终的结果并不理想。出现这种情况的原因无外乎三种：①见识短板，用落伍的老式装修方法指导新式装修；②不务实，过于追求新功能，却忘了装修的最根本目的——实用；③对专业知识不了解，导致选择错误。

第25件事　厨房做成开放式，满屋油烟呛鼻子

关键词：油烟，拆墙，风格搭配
后悔指数：★★★★

有些家庭选择开放式厨房。所谓开放式厨房，就是厨房与餐厅合二为一，或与客厅空间相邻而无任何门隔挡。

开放式厨房的优点显而易见，看着大气，还可以边做饭边与家人交流。但是对于喜欢大火爆炒的中国家庭来说，开放式厨房并不太适用。中国人喜欢大火炒菜，就算有抽油烟机帮忙，油烟也难排干净。如果是开放式厨房，一做饭满屋子都是油烟，又脏又难闻。另外，也不能偷懒，厨房稍微乱点，从外面看就会一目了然。

 应该这样做

1. 要想装修成开放式厨房，应该具备以下条件

（1）家中不经常开火。

（2）喜欢吃西餐，不喜欢爆炒。

（3）厨房和客厅面积都非常小，打通厨房与客厅是为了使房间显得宽敞。

否则，最好不要做开放式厨房。

2. 如果要改造成开放式厨房，应注意以下几点

（1）不要随意拆除原有的防火墙或过梁等基本结构，以免影响建筑结构的稳定性。

（2）开放式厨房的家具要与客厅、餐厅的家具保持整体性，要风格搭配。

（3）厨房和相连的客厅、餐厅的家具式样一定要简单、易清洁，切忌使用藤编、雕刻繁琐的木家具等，这些家具沾染油污后很难清理。

（4）保持通风除烟。开放式厨房需要大功率、多功能的抽油烟机。另外，装修

时应尽可能多地增大窗户，便于通风。在餐厅和客厅最好加装换气设备，以便更新空气。

3. 其他不宜做成开放式的地方

除了开放式厨房，最好不要设计开放式储藏室、开放式书架、开放式置物架等，它们都有同样的缺点——容易落灰。

第26件事　地面装修如果选错，严重影响整体效果

关键词：材质，临时起意，种类，颜色

后悔指数：★★★★★

地板、地砖和地毯是装修的花钱大户，同时也是影响装修效果的重要部分。业主在选择时要通盘考虑，不但要关注价格和质量，还要考虑材质和花色是否适合自己家的风格。现在很多家庭在选择这方面的建材时常常犯错误，事后又无法弥补。

应该这样做

1. 客厅装地砖比装木地板更大气

客厅安装地砖比安装木地板会更显大气，而且在同样的费用下，地砖比地板更耐磨、更好打理。

需要注意的是，客厅、卧室这种可以选地板也可以选地砖的房间，要事先做好决定。如果施工过程中临时起意改换材料，工程量就太大了。因为木地板比地砖薄，所以铺地板的房间在地面找平时会比铺地砖的房间高一些，这样就可以保证地面铺设完毕后，所有房间的地面是平齐的。如果各个房间的找平、铺设工作已经完成了一部分，比如铺瓷砖的房间已经完工，准备铺地板的房间也已找好地平，业主临时决定改地板为地砖，那么就会造成这些房间与其他房间出现大概1.5cm的高度差。若不想出现高度差，就只能重新返工找地平，这样一来，地下的水管也有可能被砸坏。

2. 实木复合地板对普通家庭更适合

对于普通上班族家庭来说，如果不是特别迷恋实木的感觉，还是选择实木复合地板为宜。实木地板脚感好但保养起来麻烦，实木复合地板则不然，它清洁起来方便，而且具有实木的特质。

3. 厨卫地砖要防滑，但不要用表面凹凸不平的亚光砖

厨卫，尤其是卫生间的地面瓷砖一定要选择不打滑的。测试瓷砖滑不滑不光要

看干的时候，还要看有水的时候滑不滑。测试方法是，在买瓷砖的时候，往上面浇点水试试滑不滑。有些人会出于防滑的考虑，选择在地面铺设表面凹凸不平的亚光砖。这种砖的确防滑，但非常容易挂脏，而且脏了之后很难清洁干净，不适合用于厨房、卫生间以及客厅等人员活动频繁的房间。

瓷砖种类繁多，具体的选择方法详见本书上篇部分。

4. 颜色要选对

（1）如果不是特别迷恋胡桃木等深色地板，那么，地板最好选择浅色的，耐脏。深色的地板上面有一点点灰尘就一目了然。

（2）厨房台面要选耐脏的颜色，如果选择奶白色等不耐脏的颜色，时间一长，就会变得白一块黄一块。

（3）厨房和卫生间的地面瓷砖一定要选择深色的，因为这两个地方最潮湿，地上落灰就容易起泥，而浅色地砖不耐脏，加上瓷砖缝的胶时间长了会发黑，刷起来很麻烦。

5. 慎铺地毯、地垫

灰尘大的地方，或者没时间经常打理的家庭，最好不要铺地毯、地垫，它们很容易脏而且清理麻烦。如果铺，也最好铺小块的、可以直接用洗衣机洗的地毯。纯毛地毯通常需要专业清洁，这是一笔很大的费用。一般工薪家庭虽然负担得起，但时间长了也会舍不得负担。

6. 客厅慎用木质踢脚线

除非地面选择的是木地板，否则踢脚线最好不要用木头的，用同款地砖或者大理石就可以了。因为木质踢脚线容易起皮，而且不如瓷砖或大理石好清理。再说，安装实木踢脚线必须用钉子钉，钉眼还得修补，修补的地方会很明显。

特别提醒

卫生间墙面最好用墙砖。首先，最好不要用其他材料。现在布置卫生间有很多新的材料，比如防水乳胶漆、防水壁纸等。但是，论耐水性、论好打理、论花色，这些新材料都没有瓷砖好，而且又非常贵。其次，尽量不要用地砖代替墙砖。地砖往往面积大、质量重，贴墙上更容易起鼓乃至脱落。

第27件事 浴室柜用错材料，变形开裂要返工

关键词：变形，开裂

后悔指数：★★★★★

密度板被认为是一种十分坚固而不易变形的材料，所以许多人在做浴室柜时选择密度板。然而，经过一段时间的使用后，漂亮的柜子出现了变形，甚至稍一用力就晃动起来，有些干脆柜门都打不开了。

事实上，单纯的板子结实，不代表它做成柜子后同样结实。密度板表面有一层膜，这层膜的作用不光是为了美观，还起到防水的作用。但是密度板的接缝处一般比较脆弱，很容易在运输、加工过程中出现人为损坏。如果水汽顺着缝隙渗透到内部，就会使密度板粉化从而发生变形。

 应该这样做

1. 浴室最好不要用实木柜
实木虽然看起来漂亮，但极易受潮变形。

2. 制作浴室柜的板材质量要好
好的板材表面光滑，周边封闭严密，看不出接口。劣质板材的接口明显，表面覆膜不牢固，有些用手就能撕下来。

3. 在柜体运输、安装过程中要避免磕碰，以免破坏表面保护膜
安装浴室柜时，常要现场在柜体上开洞，安装上下水或做固定。这些操作会对密度板的防护膜造成破坏。对破口处一定要及时用胶进行封堵，以免以后水汽通过破口渗入，引起板材变形。

卫生间如果大，可以选用橡木家具。如果不大，还是用保守的陶瓷、玻璃面马赛克等易于清洁的材料更合适。

第28件事　淋浴房、浴缸与卫生间不匹配

关键词：淋浴房金属件，玻璃发黄，浴缸配套热水供应
后悔指数：★★★★★

如果你家里有两个卫生间，一个卫生间装淋浴，一个卫生间装浴缸，这是比较合理的。现在人们越来越会享受，而泡澡的确是件享受的事。但是，如果只有一个卫生间，就不要考虑装浴缸了，太占空间了。如果你想实现泡澡的愿望，买个浴桶是最可取的。

淋浴房或者浴缸不是想怎么装就怎么装的，其中有许多讲究。

第1章　第2章　第3章　第4章　第5章　第6章　第7章　第8章　第9章　第10章　第11章　第12章

上篇　火眼金睛选家庭装修材料

下篇　装修完成后常会后悔的39件事

应该这样做

1. 小浴室最好不要装淋浴房，浴帘更合适

如果有条件，卫生间都应该做干湿分区，让卫生间更好打理。最彻底的干湿分区就是安装封闭式淋浴房，但是，在很小的浴室里不建议使用淋浴房。因为淋浴房的门要么是推拉门，要么是平开门。平开门进出方便，而且容易清理。推拉门的缺点是时间长了门的滑道容易堵塞，开启不便。而小浴室空间有限，只能装推拉门，如果清理不及时很快就会出故障，修理起来也麻烦。

对于小浴室，最灵活、最省钱的干湿分区方案是使用浴帘。浴帘比较容易发霉，最好过一段时间就更换，当然这一点对很多人来说也是优点，浴帘更换起来比较容易，还可以让浴室一直保持焕然一新的感觉。

由于装不装淋浴房是个性化的选择，有人可能就是钟情于淋浴房。那么一定要做好金属件的防锈工作。可以用透明指甲油涂抹靠墙的金属部件，隔两三个月涂一次，这样能有效防止生锈。另外，由于卫生间湿度相对较大，平时要勤于清洁。

2. 淋浴房质量要过关

淋浴房用不了多久，就会发现门开始吱吱作响，原本晶莹剔透的玻璃外面蒙上了一层黄黄的水垢，甚至突然爆裂！以上一切的根源，都在于没有买到好产品。

市场上的整体淋浴房品种繁多，外表看起来都很漂亮。事实上，其用材、做工有很大的差别。比如优质产品用的是优质钢化玻璃，边框用优质五金配件固定。价

淋浴房质量一定要好

格低廉的产品则用普通的加厚玻璃代替钢化玻璃，当外界的温度变化较大时，很容易爆裂。另外，劣质玻璃很容易受碱性洗澡水侵蚀，时间长了就会积一层黄垢，十分难看。

3. 浴缸要考虑配套的热水器

浴缸是个绝对私密性的物件，所以，如果家里不是双卫生间的，一定不要装。否则偶尔来个客人，就算不泡澡，只是站在里面淋浴，对于主人来说也不会太舒服。

对于准备装浴缸的家庭，一定要考虑配套的热水器是否能满足热水需求，最好安装燃气热水器，因为浴缸非常费水。

特别提醒

　　为了防止浴帘在洗澡时飘起来贴到你身上，最好给浴帘底部配上铅坠以增加其垂性。使用浴帘一定要在地面安装挡水条，注意挡水条一定要安装在浴帘的外围，因为浴帘在使用中会摇摆，只有挡水条在靠外面的位置，水才不会顺着浴帘流到淋浴区的外面。

　　浴帘的导轨不要用涨杆，而是应该用比较粗的不锈钢钢管，因为涨杆固定不稳，用不了几天浴帘就会掉下来。

第29件事　有些东西必须买高档货，图便宜让人后悔莫及

关键词：低档化，耐用度，甲醛超标，砍价
后悔指数：★★★★★

　　装修材料都会有高、中、低档之分，一般人在装修时，都会在各种价位间盘桓许久，最终咬牙选一个自认为可以接受的价位。这个过程中，往往会出现一个误区，那就是把价格作为一锤定音的最终标准。低价就意味着低档化，对于那些不影响装修质量和入住质量的东西，低档化并没有什么严重的影响。但是，对于某些东西，如果图便宜，买成了低档货，就会留下巨大的隐患和遗憾。

 应该这样做

1. 地板、地砖不应低档化

　　地板、地砖是家装中的大开支，可伸缩性极大。比如地砖，价高者上百元，价低者只要几元一块。为了省钱，许多人会选择装低档的地砖或地板。事实上，这是一大失误。首先，太低档的地砖、地板，硬度、防滑性能等都不会太好，时间一长就会磨出痕迹，拉低装修档次。其次，太便宜的地板环保性不好，甲醛排放量多，影响家人健康。

　　所以在购买地板、地砖时，起码要中档以上的。具体选购方法参见本书上篇部分。

2. 电线、水管不该用劣质的

　　电线、水管如果质量不达标，装修后将会带来极大的安全隐患。所以，就算装修预算不多，也不能降低电线和水管的标准。

3. 剩余电流断路器和断路器的分线盒要到位，而且一定要用名牌的

水电无情，有些业主为了省工钱，凑合着用门外的旧分线盒，这是错误的。

4. 厨房和卫生间的用品要用高档的

厨房和卫生间如果不是暂时使用，其中的材料全部都要买好品牌。便宜的东西用不了几年就会出现问题，更新的费用不见得比买高档货便宜，更不要说其间要经历的麻烦。以下几个物件尤其要注意：

（1）坐便器等卫浴产品一定要用质量好的。质量太次的，寿命太短，需要经常更换，还存在容易堵塞、发黄、不易清洁等问题。总体看来并不省钱而且影响装修档次。

（2）厨卫电器、五金件一定要用优质的。优质并不等于昂贵，安全、耐用、实用是重要的指标。具体选择方法参见本书上篇部分。

（3）不要贪便宜买便宜的地漏，否则下水道的味儿串得整个卫生间都是，换也没办法换，因为要砸开水泥地面和地砖。

（4）建议所有水龙头都装冷热水管，装修时多装一点花不了很多钱，事后想补救会非常困难。

5. 白乳胶一定要去超市购买

白乳胶是家装的重要健康杀手之一，通常与石膏粉混合，大面积用于墙面找平、填补、粘石膏线等，另外还用于板材与板材之间的粘接、贴砖拉毛等。由于使用面积较大，所以对室内环境的影响颇大。建材城里的产品虽然便宜，但假货太多。

6. 砍价要有"度"

一定不要为了省钱，以装修队的身份跟人砍价，或者无限制地乱压价。商家为了挣你的钱，往往会同意你的价格，但给你次品。对于毫无经验的消费者来说，你根本分辨不出好坏，以为占了便宜，其实吃了大亏。

第30件事　强弱电距离小，打电话上网易受干扰

关键词：电源线，网线电话线，距离小，同管铺设

后悔指数：★★★★★

随着网络的普及，网线在现代家庭的装修中都会铺设。可是有些装修完成后，却出现网络不好、电话有杂音等问题，找来维修员检测才发现根本无法从外部解决问题。主要原因是装修时把强弱电用同管铺设，或者虽是异管铺设，却并列排放。

家庭用电属于强电，电话线、网线、电视闭路线等用电属于弱电，弱电电波弱，易受干扰，强电电波强，会干扰弱电的信号，两者同管铺设或并列排放，就会影响打电话和上网。

 **应该这样做**

1. 穿线埋管时的注意事项

在铺设电线时，为了安全和方便维修，铺设电线最好进行穿管处理。常用的穿线管有金属管和PVC管两种材质，金属管抗干扰能力强，具有防火性；PVC管绝缘性好，价格便宜，是多数家装的选择。无论用哪一种穿线管，管内都不可有接头，电线和网线的材质要符合国家标准，电线要根据电路选择相应的规格，网线要使用正规厂家生产的带屏蔽的五类线。

2. 请专业人员改电，做好监督工作

改电时，一定请专业改电人员进行，在施工前，要把改电要求详细告诉施工人员。业主要做好监督工作，随时检查电线埋管、强弱电分开走等隐蔽工程。防止工人偷工减料，给后期使用和维修造成麻烦。

3. 强弱电走线要注意

在强弱电的铺设走线中，要选择最近的线路走法，避免绕线，走线方向保持水平和垂直，不可随意拉线，走线尽量避开壁镜和家具的安装位置，防止以后安装时，钉子或电钻打在电线上。在电线穿管时，一根管内不要放太多线，以电线的横截面面积不超过管口截面面积的40%为好，穿好后感受电线是否可以轻松拉动，以方便在后期电改时可以轻松拽出。安装时有接头的线路，要在接头处留暗盒扣面板，方便日后更换和维修。

4. 强弱电分开铺设

要求改电人员严格按施工规范操作，强弱电应分开走线，严禁强弱电共用一个套管或一个底盒，强弱电的铺设距离应保持在30cm以上，以保证互相不受干扰。另外，网线不可以进行串联，这会影响信号而降低网速。

5. 接口宜多不宜少

强弱电的插座和接口宜多不宜少，插座和网线接口安少了，装修完会发现使用非常不便。一般电视柜背景墙上至少要设置三个电源插口，以方便电视、电话和宽带等设置。计算机桌和床头柜附近，也要至少安装一个电源插座和一个网线插座。

第12章　隐蔽工程施工不到位

隐蔽工程必须严格按照规范施工，要想装修得各方面都还比较满意，关键就是要"较真"，尤其是重要部位，必须一点一滴都要"较真"，否则就会后患无穷，轻则导致减少寿命、短期返工，重则危及业主的健康甚至生命安全。这些隐蔽工程完工后我们无法在外部看到其是否合格、规范，因此业主必须在施工过程中全程在场，仔细地监督每个细节。这样才能保证工程的安全、规范。

第31件事　收房太大意，检查不仔细

关键词：收房
后悔指数：★★★★★

收房虽不是装修的环节，但是有些装修中的难题是收房时遗留下来的后遗症，这些问题由于收房时没有仔细检查，给后续的装修带来许多不必要的工序，浪费了钱财和时间，让广大业主后悔当初验房时为什么就没有仔细检查呢。

几乎每个人在收房前都已经通过各种途径知道了要仔细验房，但是事到临头，还是有不少人草草了事，使一些建筑本体的问题遗留下来，给日后的装修造成很大的麻烦。

应该这样做

（1）检查墙壁有无裂缝，尤其与横梁方向垂直的裂缝十分危险，说明房屋沉降，存在严重的结构问题，不能收房。

（2）观察房屋四角，检查有无倾斜。在一面承重墙的顶部选5个点测量到地面的距离，如测量值相差过大，说明房顶不平。

（3）检查顶棚与墙角有无水渍，墙皮有无变色、起泡或脱皮情况。如果有，说明房顶漏水。

（4）用长尺靠一下地面和墙面，检查地面和墙面的平整度。

（5）检查卫生间、厨房和水管，打开水阀，观察排水是否顺畅，放水的同时用卫生纸擦拭管道连接部位，检查是否有渗漏。

（6）检查门窗密封度是否合格，开关是否顺畅。

（7）检查强、弱电，暖气片，煤气管道，排风管道有无异常。

（8）检查外墙的颜色和用材是否与合同上的相同。

（9）要求开发商出示三书一证一表：《建筑工程质量认定书》《住宅使用说明书》《住宅质量保证书》《房地产开发建设项目竣工综合验收合格证》以及《竣工验收备案表》。同时，查看购房合同中的房屋面积与自己实测的数据是否相同。

（10）验房时如果有问题，都要在文件中做好记录，以便日后出现纠纷时用法律维护自己的权益。

第32件事　对电路布线施工要严格规范

关键词：强弱电同管，穿线管太短，重复布线，管线被破坏，横向开槽，颜色混乱

后悔指数：★★★★★

电路改造是一个复杂的系统工程，很多环节都容易出问题，布线尤其是重灾区。如果业主在工人施工时不仔细监督，等电线埋进墙里，人也已经住进去了，才发现电路频频出问题，那时候就有麻烦了。

 应该这样做

电路施工时，业主要做的就是监督工人按照规范施工，具体集中在下面几个方面。

1. 强弱电要分开

按照规范，电线都要穿管之后才能埋在墙内。有些施工人员为了省一根穿线管，也为了省事，违规把强电（如照明电线）和弱电（如电话线、网络线）放在一个管内或盒内。这样做的隐患是打电话、上网时会有干扰。而且，一根管内穿线过多也有发生火灾的危险。

为了杜绝这一问题，业主要在工人布线前提醒他们强弱电必须分开走线，严禁强弱电共用一管或一个底盒。穿管完成后，业主要亲自检查一遍。

2. 穿线管连头处应该有连接配件

穿线管难免出现长度不够的情况，如果此处恰好是一个转弯，则必须放置连接配件，如穿线管弯头或接线盒。穿线管与接线盒连接时，穿线管应该插入穿线盒，不能在外面露出一段电线。如果工人偷懒省了这些配件或程序，入住长时间后可能会因为线路老化而造成漏电。

穿线管配件

3. 提防重复布线

有时候明明一段或几段电线够用了，但是工人故意不及时切断电线，而是大量重复布线。这样一来，就能多用材料，多向业主收费。大量重复布线会让线路复杂化，由于电路是埋在墙面下的隐蔽工程，一旦线路出现问题，就很难检测到问题点。解决办法就是，在工人布线完毕后，业主要亲自对比施工图纸，看其是否按照设计要求完成。只有等业主亲自验收合格后，才能封板进行下一步的安装等工程。

4. 穿线管被后续工程损坏

一般来说，在铺好管线的地方不能再次进行开槽等施工。如果不得不施工，也要提醒工人不能野蛮施工，以免打穿已铺好的管线。

5. 严禁横向开横槽

无论是电路还是水路布管，只要是需要在墙上开槽的，都要遵循"开竖不开横"这个原则，一定不能开横槽和斜槽，只能开竖槽。因为横向开槽会破坏楼体的承重能力，从而降低原设计的抗震能力。有些施工队图省钱明知故犯，而某些不知情的业主还以为走横槽更省线呢！殊不知，危险已经埋下了。

不同类的电线要分色

6. 电线一定要分色

有些不良工人贪图省工，会将所有的电线都用一种颜色。一旦线路出现问题，检修时就根本分不清哪根是地线，哪根是零线或火线。规范的操作方法是，同一个家庭中，不同类的线用不同的颜色，同一类线则用同样的颜色，简单地说就是，所有的火线都应该是同一种颜色，如红色。同样，所有的零线也必须是同一种颜色，所有的地线也必须是同一种颜色。

第33件事　水路改造前后都要打压

关键词：水路蓄水测试，水路打压试验
后悔指数：★★★★★

水路改造前、后都要进行水管打压试验，两次试验都很重要。一般人会重视水路改造后的打压，却忽略验房时的水路打压。如果房屋建筑体中预埋的管件本身就存在问题，而施工前没有及时发现，施工时也没有涉及，日后不可避免地会发生管道渗水情况。

 应该这样做

1. 验房时做足水路蓄水测试

验收新房或装修二手房之前，应该对卫生间和厨房进行24h或48h的闭水试验，检查原有的防水工程做得如何。闭水实验没有标准的要求规范，一般的做法是：把所有下水堵死，并在门口砌一道25cm高的"坎"，防止水流到客厅等其他房间。在密闭的空间（卫生间、厨房等）地面储蓄至少18cm的水。水要覆盖整个地面，到达贴地砖及踢脚线的位置，因为卫生间经常有水渍。

为了对比明显，卫生间或厨房放满水后，用笔在水面位置做个记号，24h或48h（一般24h就可以了）后看水面有没有低于该记号，问问楼下邻居有没有漏水，墙壁有没有渗水。

如果没有漏水现象，证明防水处理做得很好；如果出现漏水现象则要分别对待：二手房必须重新做防水处理；新房，如果装修时不准备破坏防水，应找开发商重做防水。

施工前的验收有两个目的，一是为了在收房前把开发商应负责的问题解决，二是防止水路隐患在施工途中爆发，导致装修前功尽弃。

2. 施工前，封堵不用的下水道

顺手将渣土等垃圾倒进下水道，这几乎是业界普遍存在的现象。这种行为所造成的直接后果就是堵塞下水，造成下水不畅。多数情况下，这种隐患不会在装修期间爆发，等日后在使用的过程中发现问题时，已经找不到责任人了。

业主要做的就是，在装修前，要求工人将不用的下水道封堵，对于需要使用的下水道，要明确告诉工人们注意下水道清洁，让他们知道你是会注意这件事情的。

3. 水路施工完毕后，要及时做水路打压试验

水路改造完成后，业主就要着手检查水路施工质量。首先，将所有的水盆、面盆和浴缸注满水，然后同时放水，检查下水是否通畅，管路是否有渗漏的问题。如有必要，再做一次防水测试。

初步检查没问题后，要让工人使用打压器当着自己的面测试家里的水压，专业的水电工人都懂这个测试。简单来说，就是用软管连接冷热水管，保证整个室内管道的冷热水管同时打压。然后安装好打压器，用打压器将管内空气挤走，使整个回路里面全是水。接着，关闭水表及外面的闸阀（一定要做好保护）。最后开始打

第1章　第2章　第3章　第4章　第5章　第6章　第7章　第8章　第9章　第10章　第11章　第12章

上篇　火眼金睛选家庭装修材料

下篇　装修完成后常会后悔的39件事

压，试验压力不应该小于0.6MPa，30min不渗不漏，掉压不超过0.05MPa为合格。如果试压过程中出现任何问题，则要让施工人员及时解决。

4. 再次检查防水

家装中，需要做防水的地方有卫生间、厨房以及要引水的阳台。阳台如果引水，需要业主自己做防水。厨房和卫生间的防水通常在开发商交房时已经做好了，如果验收合格，装修时又没有破坏，就不用重做了。但是很多业主在进行水电改造时会改造卫生间的格局和上下水管线，很容易破坏防水层，必须重做防水层。

防水的原理很简单，就像用一层胶皮把水给兜住了，让水只能流入下水道，而不会渗入地面和墙面。

防水层只要有一个非常小的点被破坏了，就等于全白做了，水会顺着这个破坏点流出去。随之而来的就是墙面渗漏、地面渗漏、地板毁坏等。所以，一旦发现有漏水，一定要及时修补，甚至重做防水工程。检查防水的方法依然是上文提到的24h或48h闭水试验。

5. 坐便器改装后，要做好防水处理

如果卫生间将蹲式坐便器改成坐式坐便器，则一定要将坐便器下水口位置的防水处理做好。

6. 注意楼上的防水是否有问题

如果楼上住户也在装修，建议与楼上住户一起做闭水试验。这样既可检测自家卫生间的地面是否渗漏，也可检测自家卫生间的顶棚是否渗漏。防水是家装中唯一能与你的邻居发生直接联系的项目，被楼上的邻居水淹或者水淹楼下邻居都不是业主希望发生的。

第34件事　排水管不该平着铺

关键词：排水管，坡度
后悔指数：★★★★★

排水管管路铺设是装修的一个很重要的环节，房屋装修好之后，这些水管虽然看不见，但作用非常关键，一旦出了问题，就会很麻烦。这其中，排水管的铺设坡度很重要，但却几乎不被人重视。

按照规范的操作方法，厨卫的排水管道应该有一定的坡度，但是很多水电工要么是怕麻烦，要么是不懂，铺设管子的时候直接水平放置，时间长了就会导致下水管道堵塞。

应该这样做

对排水管铺设的监工和验收非常简单。

1. 看施工验收规范，了解施工要求

铺设排水管时，要先在地面上敲个小槽，倾斜地铺设。至于室内排水管的坡度，一般不采用计算的方法，因为这是个很复杂的计算过程，所以都采取定值，如50mm的排水管道坡度为3.5%等。铸铁管的摩擦因数较大，所以铺设坡度要大于塑料管。

关于排水管的铺设标准，业主可以查看施工验收规范。管道

水管布线的基本原则是：走顶不走地，走竖不走横

的标准坡度、最小坡度和支架的间距等要求都能在规范中找到。

2. 严格监工、验收

在工人施工时，业主一定要在旁边监督。另外，等卫生间地面瓷砖贴好后马上试水，如果流水比较缓慢就应立即返工，切不可心软。否则，以后每次洗澡时，卫生间都会积水，除了大动"手术"，几乎没有什么好的补救方法。

第35件事　烟道施工不到位，常年"分享"邻居家的油烟味

关键词：预留烟道口，逆止阀，玻璃丝纤维断头，谨防打通烟道
后悔指数：★★★★★

很多人家里装修完了，或许对烟道装修仍是一知半解。而也正是这个小小的烟道口，让多少人不得不常年被迫"分享"邻居家的油烟味。

应该这样做

1. 检查新房是否预留烟道口

烟道口有主、副之分，主烟道是全楼的通道，副烟道口是每家每户的油烟通道。正常情况下，开发商交房时就应该留好了副烟道。如果新房没有预留副烟道，业主自

第1章 — 第2章 — 第3章 — 第4章 — 第5章 — 第6章 — 第7章 — 第8章 — 第9章 — 第10章 — 第11章 — 第12章

上篇 火眼金睛选家庭装修材料

下篇 装修完成后常会后悔的39件事

己开副烟道口时，一旦把烟道口开在主烟道上，则邻居的油烟就会窜入自己家。所以，业主在收房的时候就要检查是否有烟道口，如果没有，要找开发商更改。

2. 抽油烟机的通道一定要装逆止阀（止回阀）

烟机逆止阀是安装在墙体上的，作用是连接烟机的软管，将软管固定在墙面上，以便抽油烟机吸排的废气顺利进入楼体烟道。之所以叫烟机逆止阀，是因为它具有单向导烟的作用，是防止烟道串味的一种辅助工具。

逆止阀

大家不要为了省几十块钱而不用逆止阀，否则就等着闻别人家的油烟吧！再说，逆止阀也不贵，省不了多少钱。

3. 烟道口的玻璃丝纤维断头要处理干净

有些烟道口开完后，会留下丝网断头（玻璃丝纤维）。这个小细节一般不被工人重视，同样也不被业主重视。可是，如果这个小问题没有处理好，就会为将来带来很多麻烦。原因是这些纤维可能会慢慢进入烟机逆止阀，影响其正常的运行。而这个地方一般被橱柜或吊顶挡着，无法拆除施工，而且即使拆除施工也很难彻底清除这些细小的隐患。

所以，在装抽油烟机的时候，业主一定要在旁边提醒装修师傅清理干净这些小纤维。

4. 烟道的阀门一定要擦干净再装回去

这样做的目的是保证阀片能够开关自如并能开到最大，否则会影响抽油烟机的排烟效果。

5. 谨防打通烟道

厨房墙壁包括烟道在贴砖之前都要进行挂网处理，以保证墙砖与墙壁的黏合程度。烟道的管壁通常较薄，在使用螺钉或膨胀螺栓固定金属网时，一定要避免将烟道打坏，否则，贴砖后浓烟就会从烟道涌出并顺着缝隙流窜出来。

6. 抽油烟机管道不要留得太长

尽量缩短抽油烟机的管道，否则抽风不方便。

第36件事　该量的尺寸没量好，上下错位真烦恼

关键词：提前确定尺寸，无法进门

后悔指数：★★★★★

装修时有许多尺寸是要事先量好的，比如空调、抽油烟机、电源插座的位置等。如果事先没有精确的计算，事后就会出现错位的尴尬情况。一般来说，下面一些尺寸一定要仔细量好。

应该这样做

1.亲自测量并记录房屋内可供使用的各个尺寸

开发商交房时都会提供户型图，其上虽然标注了尺寸，但不见得完全准确。业主装修前应该再亲自量一遍，最终的尺寸将直接影响装修设计和家具的购买。

2.空调位事先量

事先定好空调位，布置电路时将电源插座尽量移近空调，免得空调安装后，线不够长或者露出一截电源线。

3.橱柜的几个特殊尺寸要事先确定

首先是切菜时的高度和灶台的高度。一般情况下，切菜板距地70~80cm为佳，灶台的高度距地面70cm左右为宜，锅底离火口3cm可最大限度地利用火力。如果使用者的身高过高或过矮，应该适当调整尺寸。

其次是操作台上方吊柜的高度，以主人操作时不碰头为宜。但也不可过高，要便于主要使用人取用东西。

4.抽油烟机尺寸一定要在上门量橱柜尺寸前确定

事先确定抽油烟机的精确尺寸，可以保证在做橱柜时准确地去除油烟机的位置。如果先定橱柜尺寸再安装烟机，二者之间的距离会难以掌握，导致安装好后二者之间出现较大的缝隙，大大影响厨房的美观。

5.主要家具如沙发、衣柜、餐桌椅、橱柜等也要提前确定尺寸

建议大家在装修前多逛逛大型家居广场，看的时候，切不可只贪图好看，还要把看中的家具的尺寸记下来。然后在房间进行虚拟摆设，避免家具买回来后才发现尺寸不合适。

6.开关插座的位置要量好

开关插座的位置和高度如果不对，就会无法使用或者不方便使用的情况。由于开关插座的定位由相应的家具而定，而开关插座在水电改造时就要完成安装，所以那些不太容易移动的大件家具的尺寸需要及早确定。

7.改水路前就要确定洗脸盆的尺寸和样式

事先定好洗脸盆的尺寸和样式（比如是装左盆还是右盆，装多大的盆），才能准确确定进水和排水的位置。如果等水路改好后才发现洗脸盆装不下，那就麻烦了。

8.门的尺寸要量好

买大件家具时要先量门的尺寸，以防买的东西无法进门。

9. 买坐便器前一定要量好坑距

这个在前面已多次提及，不再赘述。

10. 卫生间贴完地砖后，趁水泥没干前最好量一下水平，看地漏是否在最低点

厨房地面可以是平面，因为厨房地面着水的机会不多，而卫生间地面是经常有水的，所以地漏一定要在同一个"存水空间"的最底处，否则地面就会积水。如果等贴地砖的水泥干后才发现地漏位置不对，再和装修队扯皮就麻烦了。

卫生间一般有两个存水空间，一个是淋浴区，通常会用挡水条或高出地面的台子与外部隔开；另一个是淋浴区的外部，用过门石和卫生间外部隔开。这两个存水空间都需要有地漏。卫生间铺砖时要注意，如果最低处，也就是地漏的位置恰在一块瓷砖的正中间，则要把瓷砖切成4块，从而保持坡度，而不是直接在瓷砖上打个洞。

第37件事　地板铺装不到位，踩起来吱吱响

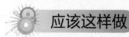

关键词：地面找平，水泥自流平，水泥砂浆找平，木龙骨的含水率

后悔指数：★★★★★

很多家庭铺装完地板后都会遇到两个比较郁闷的问题，一是踩上去"咯吱咯吱"地响，二是很快就起拱。其实，有响声或起拱不是地板的问题，而是安装问题。

安装地板虽然说不上三分材料，七分安装，但安装至少能占到五分以上。地板的安装质量关系到以后长期的使用感受，因此强烈建议业主在地板安装当天在旁边盯着，同时，还要提前做好相应的地面找平准备。

应该这样做

1. 地面要确保干燥、平整、干净

铺地板前，要把地面上的垃圾清扫干净，包括每一个角落。地面不干净，以后在地板上走起来就会有"沙沙"的感觉。

2. 地面一定要找平

地板安装常见的有两种方式：实木地板一般先打龙骨，然后在其上铺地板。复合地板和强化地板则不需要打龙骨，而是直接铺在地面上。无论哪种铺法，事先都需要找平。实木地板可以通过调整龙骨找平，也可用水泥找平。不需要打龙骨的地板只能用水泥找平（最好用水泥自流平找平，效果更好）。

地面找平很重要，如果地面不平，会使部分地板悬空或者翘起，踩上去高低不平，并发出讨厌的响声。找平分局部找平和全部找平，如果不平的地方不多，用快粘粉局部修正一下即可。如果整个屋子不平的地方太多，那就要全部找平。

按行业规范，地面在2m内高度差不能超过3mm，如果超过了就要找平。至于你家是不是需要找平，听地板商家的，他们说地不平那就是不平。因为地板商家希望业主的地面越平越好，那样便于它们安装。

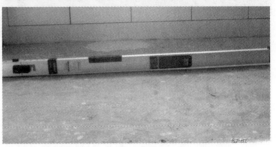

上图：合格的地面找平；下图：地面找平不合格

你应该在装修前期就让地板商家上门测量，因为前期可以采用便宜但粉尘较大的水泥砂浆找平。如果装修进入中后期，比如墙漆都刷好了再找平，那么就只能用贵一些的水泥自流平，否则就会破坏做好的装修。

如果你的地板商家不提供上门测量地面的服务，你也可以自己用长尺子检测。

3. 木龙骨的含水率要合格

安装实木地板，一般都要先打木龙骨，然后再将地板铺在上面。安装时，要确保木龙骨已经充分干燥。未经干燥的木龙骨含水率通常在25%左右，而合格的木地板含水率一般在12%，如果木龙骨未经干燥，那么，就会使木地板快速吸潮，造成地板起拱、漆面爆裂。同时，木龙骨干燥后收缩，还会造成实木地板发出响声。

为了安全起见，打完木龙骨后，可以先放置一周左右，再找平并铺装地板。

4. 地板防止拼装过松或过紧

安装地板时，冬天安装要松一点，夏天安装要紧一点，防止热胀冷缩。同时，墙面四周预留8mm以上的地板收缩缝，保证地板不会因膨胀而起拱。

此外，安装复合地板和强化地板等有咬扣的地板时，地板间一定要咬紧，压条与地板也要咬住，螺钉要上紧，不然以后压条与地板会很容易分离。

特别提醒　下雨天不要安装地板。无论哪种木地板，都有热胀冷缩、吸水膨胀的特性。下雨天空气湿度大，地板在这样的天气里含水率可能已经发生变化了，如果当天安装，以后会有隐患。

第38件事　私改暖气不标准，惹来漏水大问题

关键词：不要私改，进行打压试验，选好材料
后悔指数：★★★★★

私自拆改暖气管道隐患多多，最直接的隐患就是影响供暖效果。这是因为用于供热的水中含有杂质，施工方在安装时为防堵塞，会采取一些过滤措施，而用户私改供热设施后，往往不采取任何措施，导致杂质堵塞管道，水循环不畅，造成暖气片冷热不均。此外，如果施工不专业，比如使用的材料、施工质量无法保证，管道接口接合不紧等，还会造成管道跑水甚至爆裂等后果。一旦发生这种情况，不仅抢修起来麻烦，也会给楼下业主带来不必要的损失。

常见的私改暖气方式有：延长暖气片，改变暖气片位置或重新安装，更换暖气管道等。

 应该这样做

1. 如果一定要改动，要找专业人员施工

我国现行的《住宅装饰装修管理办法》第六条明确规定：装修人从事住宅室内装饰装修活动，未经供暖管理单位批准不得拆改供暖管道和设施。因为暖气属于公共设施的范畴，每个屋子里有多少暖气片，放在什么位置，都是经过计算的，属于整栋楼的总体设计。私自拆改或者增减暖气片对楼上楼下的供暖都会有影响，因此是绝对不允许的。根据《住宅装饰装修管理办法》第三十三条以及第三十八条规定：装修人擅自拆改供暖、燃气管道和设施造成损失的，由装修人负责赔偿。擅自拆改供暖、燃气管道和设施的，由城市房地产行政主管部门责令改正，并对装修人处500元以上1000元以下的罚款。

如果一定要改动暖气，装修前应向房管部门申请，批准后必须由专业人员施工。切忌私自改动暖气。居室中的燃气、暖气、上下水管道在房屋建造过程中全是由专业施工人员进行作业的，燃气、暖气在安装完毕后还要经过试压、试水操作，一般的装饰公司是很难做到这一点的。国家规定，装饰公司不能私自拆改暖气、煤气，如果业主确需改动，必须找专业拆改暖气、煤气的公司来施工。家装公司的施工人员不具备专业的拆改技术，私自拆改暖气、煤气给业主造成漏水、漏气的后果将非常严重。

2. 不要把暖气密封，影响后期检修

最好不要在供暖设施上加装其他装修，如果暖气片影响到整体美观而必须安装

暖气罩的，暖气罩一定要设计成活动的，便于随时检查和维修。在暖气罩安装完毕后，要将暖气罩中的装修垃圾及时清理干净，以免在使用中散发异味，甚至引发火灾。

3. 暖气更换完毕，要进行打压试验

暖气改装完成后，要进行打压试验，以检查暖气管和暖气片是否能够承受水流产生的压力。如果是在采暖期进行改装的，改造完成待工程完全稳固后，放水测试设备能否正常运行，不能正常运行要及时查找原因，进行再次调整。如果是在非采暖期进行改造的，等到采暖期试水时，家中一定要留人看守，以便查看暖气是否漏水，取暖设备是否可以正常运行。

4. 改动时使用材料要选好

如果必须要对暖气进行改动，那最关键的就是材料的选择，使用的新材料要与管道进行密闭完好的连接，才能避免管道漏水。人们经常用的是坚固耐用的铝塑管，使用铝塑管时要注意防腐蚀，安装时不要把铝塑管的铜质接头埋在水泥里面。PPR管是一种新型的水管材料，也可以用来做暖气管，PPR管是通过热熔方式进行连接的，安装中不会产生接头，能使连接更安全，可以避免发生漏水的情况。

5. 切记不可从暖气放水

生活中，一些业主会在暖气片上安装阀门，需要的时候可以打开阀门，直接用里面的热水来洗衣服、擦地等，其实这是错误的做法。供热系统采取的是闭水循环设计，热水由锅炉房流出，经外管网进入居民暖气管道中，循环结束后再流入锅炉房，一旦私放或盗用供热水源，会造成有的片区水压不足，影响其他居民的采暖。另外，热水被放走后，供热站不得不再补充冷水，造成水、煤和电力资源的浪费，同样会影响供热质量。同时，系统供热管道中的水已改变了原自来水的水质，再加上管道防腐剂等化学药剂的使用等，管道中的水含有许多对人体有害的元素，绝对不可随意滥用。

第39件事 打孔碰到水管和电线，后悔安装不拍照

关键词：拍照留底，保存线路图，处理方式
后悔指数：★★★★★

在家庭生活中，我们常常需要在墙壁上打一些安装孔，一些不了解家里水管和电线走向的业主对此感到非常头疼，因为不知道在何处打孔才安全，万一碰到水管和电线，会出现漏水漏电现象，上演小品《装修》中的悲剧——"一锤子水，一锤子电"。

家庭装修中，很多业主不知道应该注意哪些细节，常常装修已经完毕，自己还不知道家里的水电线路结构，结果给后期的软装修或者改造带来麻烦。为避免这种情况出现，业主应在水电开槽装好后，水泥覆盖之前，及时拍照留底，以方便日后改动、维修线路或在墙壁打孔；如果忘记拍照，也可以跟施工人员索要水路和电路图纸。

 ## 应该这样做

1. 走线时避开安装家电的位置

铺设线路时，要根据事先设计好的装修图，选择最近的线路走法，避免绕线，而且应该水平或垂直走线，不可随意拉线，且走线时应尽量避开那些需要打孔、悬挂物品和安装家电的位置，也可以在墙上将这些位置标出，以方便施工人员根据标志修改线路，也可防止以后需要打孔时，钉子或电钻打在电线上。水路铺设的注意事项同电路铺设。

2. 给线路拍照留底

装修时，待开好线槽，放好电线和水管之后，在覆盖水泥和铺设瓷砖之前，一定要用相机拍下整个画面，保留一幅清晰的线槽走向图，以方便日后打孔或者整改水电线路。另外，也可在日后需要打孔的地方做下标记，装修时避开这些位置。除此以外，还可以找专业的室内安装人员来安装厨房以及卫生间的挂件或者家电，他们比较清楚水电线路走向，这样也可以避免安全事故发生。

3. 索要水电线路图

如果在装修过程中没有及时拍照留存，业主也可向施工人员索要线路图。线路图上通常都会标明电路走向、串联和并联等，通常据此也能弄清房间内的线路结构。但是施工路线图可能会标记不明甚至标记错误，不如自己拍下的线路图清晰直观。另外，后期水电线路如有改动，业主可请求施工人员手绘新的线路图，标出冷热水管走向和接入位置等，留待以后参考。

4. 一旦碰到水路或电路的处理方式

施工时果真碰到水路或电路时怎么办？如果碰到水管，出现漏水事故，这时要首先关闭水阀以截断水流；然后拆除漏水位置的墙体，锯掉打漏的水管，并用铜接头接上一段铜材质的水管，之后打开水阀检查是否还有漏水现象。一切无误后，再将拆开的墙体完全补好。另外，如果打漏位置恰在卫生间的淋浴区域，补好拆除的墙体后还要对整个卫生间做防水处理。如果碰到电线，补救方法视情况而定。如果只是碰到电线外面的穿线管，此时只需用电线专用绝缘胶布包好，再安装一个方便定期检查的接头暗盒扣面板即可；如果碰到内部线路则比较麻烦，因为存在漏电的安全隐患，这时就要砸开墙体，重新换线连接。在此提醒广大业主，室内一定要安装剩余电流断路器，这样万一发生触电事故，漏电装置可自动跳闸以保护家人安全。

5.水电线路改造重点

进行水路改造时要避免从地面走管，而应该从墙内走。在墙内埋管时，管线要保证完整性，不可以有接头，要根据水管长度和路线，把接头的位置留在顶棚内。顶棚尽量使用可拆卸材质，这样万一接头出现破裂等问题，维修起来比较方便。电路安装时要把电线穿管再埋进墙内，管内线路不能有接头，接头位置要设置接头暗盒扣面板，这样在电路检修时，可以直接从接头处抽出整根电线，方便维修，大大提高了改电效率。

6.选择管线质量合格的产品

安装或改造水电线路时，所选管线材料必须符合国家标准的规定，因其与我们的人身安全息息相关，哪怕只是更换一个接头，也要选择质检合格的产品。

第1章 — 第2章 — 第3章 — 第4章 — 第5章 — 第6章 — 第7章

上篇 火眼金睛选家庭装修材料

第8章 — 第9章 — 第10章 — 第11章 — 第12章

下篇 装修完成后常会后悔的39件事